科普中原

河南茶文化

贾红丽 主编

河南大学出版社
HENAN UNIVERSITY PRESS
·郑州·

图书在版编目(CIP)数据

科普中原:河南茶文化 / 贾红丽主编. --郑州：
河南大学出版社，2024.1
ISBN 978-7-5649-5824-4

Ⅰ.①科… Ⅱ.①贾… Ⅲ.①茶文化－河南 Ⅳ.
①TS971.21

中国国家版本馆 CIP 数据核字(2024)第 045615 号

科普中原:河南茶文化

KEPU ZHONGYUAN:HENAN CHA WENHUA

责任编辑　王丽芳
责任校对　陈　炜
封面设计　李晓玲

出版发行　河南大学出版社
　　　　　　地址:郑州市郑东新区商务外环中华大厦 2401 号
　　　　　　邮编:450046
　　　　　　电话:0371-86059752(大众文化出版中心)
　　　　　　　　　0371-86059701(营销部)
　　　　　　网址:hupress.henu.edu.cn
排　　版　郑州市今日文教印制有限公司
印　　刷　广东虎彩云印刷有限公司
版　　次　2024 年 1 月第 1 版　　　**印　　次**　2024 年 1 月第 1 次印刷
开　　本　710 mm×1010 mm　1/16　**印　　张**　10
字　　数　150 千字　　　　　　　　**定　　价**　48.00 元

编委会

目 录

第一章
河南茶的源流

一、 神农尝百草

"神农尝百草"的故事是一个中国古代神话传说,一般认为茶叶的起源与他尝百草的经历紧密相关。如《茶经》中多次提到神农氏,其中《六之饮》讲:"茶之为饮,发乎神农氏。"《七之事》言:"三皇炎帝神农氏。"由于陆羽编撰了《茶经》,"茶圣"名重一时,茶叶源于神农尝百草的说法也不胫而走,广为流传。

袁珂的《中国故事·华夏民族的传说与神话》还详细记载了神农尝百草过程中发现并使用茶的故事。

神农生而奇,腹为水晶肚,肝脏肠肺悉见。其时人尚不知用火,花草鱼虫皆生食,故常致病,乃至死亡。神农见而忧之，决心遍尝所见物，视其在腹中如何变化，以解群患。乃制为二袋，悬身左右，左袋以供食，右袋以入药。

于是，神农始尝百草。初尝一片尖嫩小绿叶。见叶在腹中上下洗擦，使腹内清爽，状似巡查，神农因名之曰"查"，后乃讹为"茶"。神农以之入左袋。

次尝蝴蝶状小红花，其叶似羽毛，甜香适口。此"甘草"也，神农以之入右袋。

再尝茵绿小花，叶圆梢尖，苦酸兼有，果上带刺。此物入腹，咚咚顶撞，神农之膝为之酸痛，肿似牛膝。急吞茶叶，始解其毒。此"牛膝"也，神农以之入右袋。

神农辛苦尝百草，时有中毒，均赖茶叶解之。乃细察花草在腹中所起变化，分别以之入左右袋。后左袋花草根叶积至四万七千种，右袋积至三十九万八千种，尚有余也。

某日，神农见一小黄花，似小茶花，其叶伸缩蠕动，神农疑以为"妖草"。试尝其叶，神农之肠便节节断裂，不及吃茶解救，遂忽焉而死。人因称此草为"断肠草"。俗语云："神农尝药万千，无治断肠之伤。"即此事也。后人不忘神农牺牲一己、拯救世人之德，称之为"药王菩萨"，且在多处建"药王庙"以祀之。

由于对人们生活的许多方面都做出了突出贡献，神农又被世人尊称为"药王""五谷王""五谷先帝""神农大帝""地皇"等。传说位于今天河南沁阳的神农山就是神农曾经尝百草、辨五谷、设坛祭天的所在地,也是中国农业、医药、商业、音乐等的重要起源地之一。

还有一传说,神农被黄帝打败后,南迁湖北随州历山一带。因为距离信阳很近,他还经常到信阳境内采摘药材。有一次神农在鸡翅山(今鸡公山)误食毒草,被当地老百姓用茶叶救活,发现了茶叶的解毒功能,他就亲自带领大家在当地广泛种植茶树,并把最早发现茶的山沟改名为"大茶沟",开启了信阳几千年的茶叶种植历史。时至今日,信阳流行的山歌仍唱道:"茶树本是神农栽,朵朵白花叶间开。栽时不畏云和雾,长时不怕风雨来。嫩叶做茶解百毒,每家每户都喜爱。"

二、 春姑衔茶

位于河南省南部的信阳现在已经是全国知名的毛尖茶产区,但据传说,这里历史上其实也没有茶叶,是一个名叫春姑的女孩子给当地老百姓带来了茶叶。

传说很久以前,信阳的山上没有茶。官府和老财霸占了山林,强迫老百姓给他们开山造地。乡亲们面朝黄土背向天,从日出干到日落,又累又饿,得了一种叫"疲劳痧"的瘟病,死了很多人。这个情况被鸡公山附近一个名叫春姑的女孩子看在眼里,急在心上。为了给乡亲们治病,她到处奔走,最终在一位采药老人的指引下，向西南翻过了九十九座大山，蹚过了九十九条江河，去找一种能够治病的宝树。只是历尽艰难险阻，战胜重重困难后，她也得了可怕的瘟病，倒在了一条小溪旁边。幸运的是，这时水中漂来了一片树叶，春姑试探性地将其含在嘴里后，顿时有了力量，不仅坐了起来，而且觉得神清目爽。春姑从口中取出那片树叶，顺着山泉向山上寻找树叶的来源。后来，在溪水尽头的大山之巅，她找到一棵大树，树上的叶片和救了她性命的那片叶子一模一样！春姑立刻爬到树上，摘下树上金灿灿的种子，她在树下情不自禁，手舞足蹈地歌唱起来。

春姑的歌声惊动了附近的一位老人，老人走到春姑旁边，打量着她，并告诉她："你真是一位好姑娘。这树叫茶树，它的叶子可以治很多病。只是种子采下来必须在十天内种到泥土里，不然就无法发芽了。"可春姑来的时候花了九九八十一天，怎么可能在十天内把种子送回信阳老家呢？想到这里，春姑又忍不住流下了伤心的眼泪。了解了她的难处后，老人拿出随身携带的神鞭"啪啪"抽了两下，春姑立刻变成了一只尖尖嘴巴、大大眼睛、浑身长满嫩黄色羽毛的小画眉。老人又叮嘱小画眉说："你赶快飞回去，等到茶籽种上，露出芽芽时，只要你忍住不笑，再像刚才那样伤心地哭一场，你就会变回原来的模样。"春姑内心高兴无比，对老人感激不尽，拍拍翅膀点点头，表示明白了老人的意思。她衔起种子，朝着家乡的方向飞去。

回到家乡后，小画眉赶紧种下了茶树种子并悉心照料。功夫不负有心人,不久后一棵嫩绿的茶苗就从泥土中萌发出来。小画眉高兴得忘记了神农的嘱咐,不仅没有哭,还高兴地笑了起来。就这样春姑再也没法变回原来的模样了。说来也奇怪,小茶苗自发芽后见风就长,很快就长成了一棵又高又大的茶树,而且小画眉一遇到瘟病就会到茶树上啄树叶送到人们的嘴里,乡亲们的病也因为画眉鸟的帮助而"药到病除"了。

从此以后,乡亲们也都认识到茶叶可以治病,在对茶树关爱有加的同时,种植茶树的积极性也越来越高,于是信阳地区出现了成片的茶园和茶山。乡亲们念念不忘变鸟衔茶的春姑,亲切地称活跃在茶园里的画眉鸟为"茶姐画眉"。

三、　彩姑护茶

有悠久茶叶种植历史的南阳市桐柏县也流传着关于当地茶叶起源的传说。根据 20 世纪 80 年代人们在桐柏县收集的民间文学作品的讲述,当地的茶叶起源于桐柏山的主峰太白顶,与一个叫彩姑的姑娘有着非常密切的联系。

相传,桐柏山的主峰太白顶是一个大草药园,山崖上、石缝里、山坡坡脚、山沟中全都是药,其中最好的草药是被人们称作"神叶树"的草药,仅用这种树的叶子泡水喝就可以治很多病。人们也很喜欢这种叶子,上火和吃不下饭的时候,采一把这样的叶子用水泡泡或者熬水喝,就可以降火、开胃、消除疲倦。

天上的王母娘娘听说了神叶树的神奇功效后，想据为己有，就派了赤脚大仙告诉当地人不要再采神叶子了。当地人得到消息后就开始商量如何保护神叶树，最终决定用杂秧子将神叶树遮盖起来，不让赤脚大仙找到神叶树。此举虽然保护了神叶树，却让下凡采神叶的仙女们无功而返，惹怒了王母娘娘，招来淮河龙王被锁在天河洞里，淮河一带三年不下雨的惩罚。如此一来，淮河一带遭遇连年大旱，神叶树和其他的草药都干枯了。

彩姑和太白顶下的青哥成亲这天，突然感到身体不舒服，急需神叶树的叶子水催汗。这可难为坏了青哥，因为连年大旱，神叶树等草药大多已经枯死了。尽管如此，青哥还是抱着一线希望到太白顶上寻药。

只是青哥前脚刚出门，就有人跟彩姑说门口有一个看着像乞丐的瘌子要进来。彩姑说："好，让他进来吃点喜糖，喝点喜酒也行。"大嫂见此情形还打趣说："你这新娘子真大方，一个瘌子还怪当回事儿呢。"彩姑说："人心善，天走遍啊！"家人就把瘌子迎进了屋里。这时青哥也空着手从山上回来了，说山上的神叶树剩下的已不多，自己没有舍得采树上仅剩的几片叶子，想留个种。得知事情的原委后，瘌子掏出了一粒药丸给彩姑服下。服下不久，彩姑就觉得轻松了许多。

原来瘌子正是特意下凡来点化善人的铁拐李，给彩姑的药丸是他用神叶树叶片炼成的仙丹。见彩姑长得漂亮，很像天上的玉女，铁拐李就把手中的拂尘交给了她，让她到天河去解救淮河龙王,并仔细交代了需要注意的事项。到了铁拐李指定的地方,彩姑按照他教的方法打开了锁住淮河龙王的洞,然后返回了新房。淮河龙王出洞后的第一件事情就是在太白顶一带下了场透墒雨,这场雨后不仅庄稼返青了,神叶树的叶子也复原了,其他的药草也纷纷开始生长,太白顶又恢复了往日的生机。

得知铁拐李让彩姑冒充玉女救了淮河龙王后,王母娘娘勃然大怒,只是铁拐李已经瘸了一条腿,她决定先派天兵天将捉拿彩姑和青哥,再将神叶树移植到天上去。但彩姑和青哥早已逃到了山高林密的桐柏山上,保护神叶树苗去了。尽管天兵天将拔了十几挑子神叶树苗,但也没有找到夫妇二人,无奈只能相信铁拐李告诉他们的"二人已自尽,变成两棵神叶树"的说法,悻悻返回向王母娘娘交差去了。

遗憾的是,正当铁拐李准备去告诉藏在桐树丛中的彩姑和藏在柏树丛中的青哥天兵天将已经走了的消息时,二人都像之前说的一样,变成了神叶树并结出了许多籽粒。虽然铁拐李有些后悔说他们变成了神叶树,但想到两棵树不仅长在一起,可以永远不分离,而且它们结的籽可以传遍桐柏山,总算得到些安慰。

后来,铁拐李就把神叶树的籽撒满了桐柏山。只是它们长出的树苗,人们再也不叫神叶,改叫茶叶了,因为彩姑和青哥躲的地方上边是草,中间是他们夫妇,下面是小树苗,合在一起正是"茶"字。

四、 苏仙救母种出孝心茶

传说西汉末年,今天的信阳市商城县大苏山北麓住着一个名叫苏耽的男子,父亲早逝,他与母亲相依为命。苏耽天资聪颖且勤奋好学,5岁习文,7岁时剑术就已经很厉害了,成年后更是精通天文地理,立志匡扶正义,扫平天下邪恶之风。

适逢王莽之乱,兵祸连年,民不聊生,且淮河上游一带瘟疫流行,田地荒芜,十室九空。心怀大志的苏耽意欲施展抱负,普度众生,就辞别了母亲,外出寻师学艺。刚好当时大苏山朝阳洞中隐居着一位道号"朝阳真人"的得道仙人。他算出了苏耽的意图后,将拐杖抛出洞府,拐杖变成一只猛虎,将苏耽衔住,拖进洞中,至真人座前。苏耽虽然惊恐不已,但也领教了朝阳真人高超的仙术,睁开眼后看到真人便立即跪拜,口称师父,并向真人表达了诚心拜师,求学仙术,努力拯救百姓的志向。真人被苏耽的真情和宏大志向打动,取出了几颗金丹,告诉苏耽:"学仙术并非一日之功,但拯救百姓却是当务之急,可先将这些仙丹拿回去,化入大缸水中,让百姓们都喝些,以消除眼前的瘟疫。"苏耽按照真人的指点将仙丹化成的水分给了老百姓,果然灵验,消除了瘟疫。乡亲们饮完后,苏耽还将缸中剩余的残渣泼洒到了院旁的空地上,不久后这些空地长出了有无数嫩黄芽的小树。苏耽摘下嫩叶放入口中,甚感甘甜清凉,原来这些后来长出来的就是"黄尖"茶树。

这事儿也进一步坚定了苏耽求学仙术的决心。于是他再次辞别母亲，并叮嘱她教乡亲们种植茶树，如果再有瘟疫发生，可用井水煮茶饮用，消除瘟疫。苏母日夜奔走，煮茶救民，后来因为过度劳累，不幸去世。当地百姓对苏耽母子的救命之恩感激不尽，筹资将苏母葬在了苏家宅院的后面，并把他们居住的地方改名为"子安镇"，苏宅前面的河流改名为"子安河"。

苏耽从师苦学三年，学成炼丹术后返回故里，得知母亲已故，悲痛欲绝，回家当天就开始在母亲坟前守孝。当天晚上雷雨交加，第二天却雨过天晴，有数十只黄鹤飞临苏宅。苏耽在母亲坟前拜别后，跨上黄鹤，升仙而去，他家门前的石头上留下了两个深深的脚印，至今犹存。苏耽留下的用以驱邪避疫的茶树长得满山遍野，人们采摘叶子制成的"苏仙黄尖""苏仙银峰"成了名茶。人们怀念苏耽母子，为了表达对他们的感激之情，就把石块叫作"苏仙石"，子安镇后来又改名为"苏仙石镇"。

关于河南茶叶起源的优美神话传说还有很多，但需要注意的是，无论是全国茶区普遍流传的神农尝百草的故事，还是河南茶区流传的春姑衔茶、彩姑护茶等传说，都不是严格意义上的史实。如方健对神农与茶的起源传说考证表明，神农并非真实的历史人物，而是战国至秦汉间人们的创造，是神人合一时代的象征。但这些神话传说却形象地说明茶应该是在采集狩猎时代就被人们发现了，而且发现之初，最先应该是被食用。在长期的饮食过程中，人们逐渐发现了茶叶的药理功能和疗疾作用，才将其单独挑选出来作为中草药。饮茶的发展过程应该也是从食用到饮用。

五、 茶传入河南的路线

河南并非茶的原产地,但河南是我国历史上最早种植茶叶的地区之一。河南没有类似澜沧江中下游地区的野生型古茶树,茶叶最早传播进河南极有可能是通过巴蜀—荆楚—信阳的路线,也就是从鄂北一路向北,传入并落脚到了河南南阳桐柏和河南信阳,而后再由信阳向东进入安徽境内。

巴蜀地区是我国茶文化的重要起源地,居住在巴蜀地区的人们早在先秦时期就已经认识了茶叶,并开始人工种植。东晋常璩的《华阳国志·巴志》中记载,周武王姬发伐纣灭商后,巴地向武王进贡的商品中就包括茶叶,并特别强调"其果实之珍者,树有荔枝,蔓有辛蒟,园有芳蒻、香茗,给客橙、葵"。从这些文字来看,巴蜀地区早在3000年前就已经有了人工种植的茶园。

茶文化在巴蜀地区酝酿成熟之后,向四周其他地区传播有非常便利的交通条件。因为巴蜀地区不仅农业开发较早,春秋战国时期已是我国经济比较发达的地区之一,而且处于长江中游,水陆交通便利。从这里出发,茶文化既可以经川东栈道传到秦岭以南的汉中盆地,又可以从鄂西溯汉水而上传到汉中盆地;既可以从巴蜀地区向滇黔地区推移,又可以沿长江顺流而下向江南、淮南等地传播,继而向岭南传播。加之春秋战国时期,楚国疆域持续拓展,茶文化也开始以荆楚地区为核心,在更大范围内发展起来。早在秦汉时期,甚至秦汉之前的更早时期,茶文化就已经开始沿着长江向东传播到了荆楚地区和中原地区。至魏晋时期,荆楚地区的茶文化已经相当发达,三国魏张揖的《广雅》中就有了茶文化的相关记载。

河南南部不仅历史上就是南北文化交融、汇集之地,而且与荆楚地区紧密相连,其中部分地区还一度属于楚国的疆域,两者存在着非常发达的陆路交通联系。如春秋时期的淮上地区是周王朝的诸侯国与楚国争锋的前沿阵地,也是楚国在兼并小诸侯国的过程中获得自身发展空间,不断扩大文化影响的重要区域。春秋中期以前,史料记载中的申、息、弦、黄、蓼、蒋等诸侯国陆续被楚国所灭,继而成为楚国经营大别山北麓,挥师北上东击,谋取北部边防重镇和争霸中原的基地,甚至被建设为楚国新型经济区。经历从春秋中期到战国末期的一系列历史事件后,信阳被纳入楚国的版图,并被用心经营,农业经济获得了快速发展,农产品非常丰富。正是这一段发展史推动了茶文化从荆楚地区向河南南部的传播。

河南南部密布的河流湖泊和沿线的丘陵、山地,不仅为茶叶种植提供了良好的自然环境,也为茶叶的传入和流出提供了便利的交通条件。河南南部是南北交往的纽带,不仅有众多历史悠久的古渡口,而且境内的淮河支流历史上多通船舶。如今距离信阳市中心仅有百里的义阳三关不仅是春秋时期的军事要地,也是发现信阳最早的茶树的地方,这从一定程度上说明了茶叶通过陆上通道从荆楚地区传入河南的可能性。

可以肯定的是,河南南部的信阳等地区不仅茶树栽培历史悠久,茶区形成很早,而且是茶树自西向东传入皖西的中转站,是唐代整个淮南茶区形成的基础,也对中国东南茶区的形成有非常重要的作用,有力地促进了中国茶文化的丰富和发展。

只是茶树最初传入河南并不意味着茶叶的使用,尤其是它的饮用已经在河南普及,从前述流传在河南茶区的民间神话传说来看,它在河南最早也是被当作药物来使用的。这就如同人类从最早发现古茶树,到发现茶叶的药用价值并开始将其作为食物,再到认识到茶树的生长习性并有意识地大规模栽植,再到摸索、完善茶叶加工制作工艺,也经历了一段漫长的历史过程一样。

第二章
河南茶文化发展历程

一、 魏晋之前

魏晋之前是河南南部茶叶种植区农业经济崛起的重要时期，但关于该地区茶的明确文字记载并不多见，我们只能根据民间传说故事和间接文献大致推测这一时期河南茶的情况。如根据上一章的一系列传说故事，我们可以大致判断出，早期河南南部地区种茶、制茶和用茶的主要目的就是利用它们来驱避瘟疫。《广雅》中记载，魏晋时期，"荆、巴间采叶作饼，叶老者饼成，以米膏出之"。当时河南南部的部分地区属于荆州管辖，茶叶用法应该也是制饼碾末冲泡，或者煮粥食用。《桐君录》中也记载："茗，西阳、武昌、庐江、晋陵好茗，皆东人作清茗。茗有饽，饮之宜人。凡可饮之物，皆多取其叶。天门冬拔揳取根，皆益人。"文中的西阳、庐江都与今天的信阳有关，如西阳就包括了今天的黄冈、麻城、红安、罗田、英山、浠水，以及信阳境内的罗山、新县、潢川等地。这里的记载也说明，魏晋时期信阳茶已经从早期的试种和探索阶段，进入规模种植阶段，已经引起了人们的广泛关注和使用。

二、隋唐时期

隋唐之际，河南茶文化迎来发展盛世，不仅茶叶消费和品鉴水平有了前所未有的提高，开始具有文化内涵，而且南部信阳等地区茶叶产量和质量有了较大提升，所产茶叶获得了陆羽的好评，开始跻身名茶之列，奠定了其历史名茶的地位。这一时期的气候比较温润，降水也比较丰富，非常符合茶树生长对自然环境的要求。河南南部丘陵地区的农户也在市场需求的带动下，抓住机遇开垦丘陵地带，大量栽培茶树，扩大了茶园面积和产量。这一时期水利工程的兴建和农业的发展，也为河南茶叶产区农户提供了发展茶叶等副业的客观条件，并推动着茶叶随粮食的运输逐渐向更多地区销售。加上魏晋南北朝时期黄河流域居民大量南迁，河南南部的很多深山区也得到了开发，种茶、养蚕成为这些移民的重要收入来源，这促进了南部山区经济的发展，增强了河南南部区域经济活力。

得益于唐代茶叶种植、烘焙和制作技术的进步，隋唐时期的河南茶已经拥有了卓越的品质，开始成为国内闻名的重要贡茶。

如《方志分类资料》中记载，唐代贡茶地区：河北道的怀州河内郡（治今河南沁阳市），山南道的峡州夷陵郡，淮南道的申州义阳郡（治今河南信阳市北）。《太平御览》卷八百六十七记载："元和十四年归光州茶园于百姓，从刺史房克让之请。"记载表明这些茶园曾经是贡茶园，先是由专门的官吏进行管理，后来才由所在州县管理。之所以如此，正是因为这些茶园的茶叶得到了朝廷的青睐，茶叶产量高、质量好且出产比较稳定。陆羽《茶经》也记载："淮南以光州上，义阳郡、舒州次，寿州下，蕲州、黄州又下。"陆羽认为光州的茶是最好的，义阳郡则稍逊于光州。

加工工艺方面，隋唐时期河南茶叶的采摘制作多在每年三四月份，采摘的芽叶相对较老，大概在三四叶之间。制成的茶叶可以分为饼茶、散茶、粗茶、末茶四种，又以饼茶最为常见，散茶、粗茶次之，末茶最稀少。饼茶制作过程大致包括蒸茶、捣茶、拍茶、烘焙、穿茶和封茶六个步骤。品饮前一般需要经历炙茶、碾茶、筛茶、煮水、煎茶五个步骤。

三、 宋元时期

宋元之际，茶叶在河南的种植和使用范围更加广泛，成为非常普遍的民间饮料和消费品。民间开始将茶作为婚配的重要礼品，"开门七件事"，茶是其中之一，甚至南宋时期才接触茶叶的金人也痴迷上了茶叶。

产业发展方面,河南茶产业日渐繁荣,进入发展鼎盛期。茶园面积日渐扩大,产量大大提高,制作工艺也更加完善,茶叶贸易空前繁荣。这一时期不仅淮河以南的信阳光山、潢川、商城等传统产区茶叶种植面积扩大,名茶频出,而且淮河以北的驻马店、开封、汝州等地也种植了茶树。种植过程中,淮上地区的人们已经开始利用粪肥改良土壤,将其称为"粪药",认为施肥就像用药一样,如果使用得当,就可以有效增加粮食和茶叶产量,提出了"种之以时,择地得宜,用粪得理"的理念。

这一时期,参与茶叶商品生产,为茶叶商品交换提供货源的茶园可以分为小农茶园、专业户茶园、寺院茶园和官府茶园四类。其中,小农茶园是最主要的生产方式,它们多为兼营模式,以茶叶缴纳租税,换取其他生活资料和用品。它们的单体茶园面积虽然不大,但数量庞大,对小农本身的经济收入提高和国家整体茶叶生产贸易的发展,有不容小觑的作用。专业户茶园单体面积稍大,但总体数量并不是太大。寺院茶园只向市场提供少量茶叶,官府茶园则多自产自销。由于种植面积较大,采茶季对劳动力需求较多,宋元之际还出现了专门为民营或官营茶园采茶的寮户。

为了加强对频繁的茶叶贸易和全国范围内茶叶流通的管理,宋朝政府还设置了专门的茶叶贸易市场——榷场,借以实现官府垄断茶叶生产、销售环节,低价收购园户茶叶,再高价卖给茶商,获取高额利润的目的。在宋朝政府最初设置的十三山场六榷货务中,位于淮河上游、鄂豫皖三省交界处的光州商城、光山、子安均是重要的收茶场，绍兴和议后改为中渡场和息州场。它们如同茶叶经济特区，预支茶农本钱，扶持茶叶种植和技术传播，有效带动了整个区域茶产业的集约化发展和经济社会的全面发展。

采摘加工方面，宋元时期河南信阳等地的春茶通常在清明后4月中旬开采，谷雨前采制的少量茶叶则属于上品茶。茶叶采摘，尤其是贡茶采摘要求很高，需要天亮前就开工，凌晨4点左右，工人上山采茶，7点左右收工。因为天亮前茶叶未受太阳照射，茶芽肥厚滋润，太阳照射后茶芽中的部分膏腴就会被消耗，茶汤色泽会受到影响。采摘后，茶叶还需要进行分级，划分为水芽、小芽、中芽、紫芽、百合五类。宋元时期河南茶叶产区的加工工艺比较烦琐，早期采用的是唐代蒸青饼茶的制作工艺。鲜叶采摘后先放到水中浸泡，然后蒸制，蒸后用冷水冲洗，榨去茶叶中的水蒸气和茶汁，最后放入瓦盆内兑水细细研磨，再做成饼焙干。后期改良了蒸青做法，制作过程主要采用杀青、揉捻、干燥等工序，所制茶叶应属于现代茶叶分类上的绿茶类，较好地保留了茶叶的原始味道，保证了茶的质量。宋末元初，锅炒杀青制作散茶的技术开始出现，推动着河南茶叶的香味发展到了一个新的阶段。

由于北宋时期的政治经济中心位于开封，河南境内的茶叶运输贸易获得了前所未有的发展。以贡茶为引领，河南境内的光山、商城、子安被列为全国重点茶区，也被列入全国十三个茶叶集散市场。三个产区年产茶百万斤，产量高，茶叶品质也广受好评，声名远播，销路甚广。当时的茶叶运输路线可分为东、西两路，东线为国家茶叶运输的主线，从真州（今江苏仪征）、扬州入大运河，北经高邮、楚州、泗州，转汴河，经宿州、应天、陈留抵汴京。西路先陆运，取道庐州、寿州，然后再分为两路，一路出寿州，入颍河，西出正阳镇再溯流北上，经陈州入蔡河到汴京；一路出寿州，取道淮河，向东经荆山镇，再入涡河，经亳州、太康入蔡河到汴京。

四、 明清时期

明代开启了中国茶文化的新篇章，逐渐抛弃了旧的团茶制法，转向新的叶茶撮泡法，由精致华丽回归自然简朴。

河南的很多地方由于此时期茶叶种植规模进一步扩大，与茶有了更紧密的关联，甚至直接以"茶"来命名。如信阳罗山县彭新乡的"茶山村"，就是因为明朝时茶树种满了村子周围的几座山而逐渐有了这一称谓。光山县的"茶林乡"也是因为明朝时种茶面积较大而得名。传统茶区之外，明代河南境内还多了一些新的产茶地，如《信阳县志》记载："大茶沟、中茶沟、小茶沟，在五斗峰之北，皆明代产茶地也。尚有余株。"这说明明代开始，鸡公山周边的茶园才有了大规模发展。今天鸡公山北侧的大、中、小三条横沟仍以茶命名，沟内还保留着茶村、茶冲、茶山、茶坊、茶坡等地名，保存完好的古茶树仍根粗叶绿，有三四米高。每年清明至谷雨时节，周边村民攀爬于岩壁间，采摘野茶后，加工制作成甘甜可口的"神仙茶"或"三棱茶"。

受全国范围内整体趋势的影响,明代开始,河南茶叶的主要类型是炒青绿茶和烘青绿茶,采摘的鲜叶原料有一芽一叶、全叶、一芽两叶等嫩芽叶。茶叶加工制作流程主要包括杀青、揉捻、干燥等,所用的器具及方法主要有竹筐、灶、箕、扇、笼、幔、焙等。

明清时期,河南信阳等地的茶叶曾一度畅销江浙地区。在信阳茶歌中,有很多关于茶叶商贸往来的记载,如"桑木扁担软溜溜,我担茶叶下扬州,扬州夸我毛尖茶,我夸扬州胖丫头"等。只是由于此时期京杭大运河运载能力提升,江浙和福建等地茶叶大规模北运,东南地区茶叶制作技术突飞猛进,河南茶的市场受到了严重挤压,发展速度一再减缓,至清末民初,河南境内的茶叶种植面积和整体品质已大不如前,如《河南通志》记载:"茶,信阳出,罗山亦有之,固始、商城间有,俱不甚佳。"

五、 民国时期

清朝末年,政府大力鼓励各地发展实业,创造了良好的茶业发展环境。加之当时国内各地普遍兴起茶社,茶叶复兴已同国家和民族命运紧密相关。河南信阳等传统茶叶产区的政府也意识到茶叶经济的重要性,成立了专门指导茶叶生产的机构——茶叶公所。其中,信阳茶叶公所此时期的表现尤为引人瞩目,大大推动了河南茶文化的传承与发展。

信阳茶叶公所所长由茶社社长们轮流担任,并组成董事会,筹集资金建立茶叶公所的专门办公地点。信阳茶叶公所成立后，还积极了解国内外茶叶生产、加工、销售的新技术、新行情，用以指导和统筹信阳茶社的经营。为了加强管理，统一品牌，信阳茶叶公所还把信阳生产的茶叶统称为"烘青绿茶"，其中信阳五云（车云山、天云山、集云山、云雾山、连云山）、两潭（黑龙潭、白龙潭）生产的茶叶被称为"豫毛峰"，其余信阳地区出产的茶叶被称为"豫毛青"。

1915 年，在美国旧金山举办的万国博览会上，信阳精心准备的春茶被北洋政府推荐展出，并一举获得了金质奖章。此奖项的获得，大大鼓舞了信阳地区的茶社股东和茶区老百姓，他们纷纷开始开辟新茶园，复垦了许多老茶园，扩建了制作工坊，改善了茶叶制作技术，发明了类似于今日信阳毛尖的炒制工艺，短期内大大提升了河南茶的产量和质量。在此期间，信阳地区还相继成立了元贞、宏济（车云）、裕申、广益、森森（万寿）、龙潭、广生、博厚八大茶社，开办了专门经营毛尖的茶庄，迎来了民国时期河南茶的短暂复苏，也为信阳茶探索出了相对科学的栽培技术和管理经验，促使河南茶一度由衰转兴。

第三章
河南茶基本情况

一、 山场环境

河南省绝大部分茶叶种植都集中在南部的信阳市和南阳市，尤其以大别山区和桐柏山区产量最多。河南产茶区属于我国茶叶生产的江北茶区，和江南、华南、西南茶区相比，茶园面积不大，但茶叶质量却名列前茅。河南茶区是我国优质茶叶的主产区之一，究其原因，与优越的山场环境密不可分。山场环境包括气温、水分、光照、云雾、土壤等因素。

（一） 温度条件

温度是茶树生命活动的必要因子，它影响着茶树分布的范围、生长期的长短以及茶叶的产量和品质。科学研究表明，茶树生长的起始温度是 10℃，但生长发育的最佳温度是 20℃ 至 25℃，茶树生长要求气温大于或等于 10℃ 的地区活动积温在 3000℃ 至 4500℃ 之间。河南茶区气温大于或等于 10℃ 的活动积温在 4600℃ 至 4900℃ 之间，与南方茶区相比，积温条件较差，但具有茶树生长发育最佳温度的天数并不少。茶区日平均气温 20℃ 至 30℃ 和年平均气温 20℃ 至 25℃ 的持续天数分别为 130.2 天和 63.9 天，与著名的龙井茶区基本持平。从另一方面看，茶树生长季节的热量条件不仅对茶叶产量有一定的影响，还对茶叶质量具有十分重要的作用。

研究表明，在茶树正常生长的气温范围内，相对较低的气温有利于茶叶质量的提高。这是因为温度决定着茶树酶的活性，而酶的活性又影响茶叶化学成分的变化。高温有利于茶多酚的形成，而在温度较低的条件下，茶叶中的氨基酸、芳香物质含量高。在温度较低的情况下，茶叶的栅栏组织和维管束组织发育好，呈多孔,叶绿素多,氮含量高,持嫩性好;而在温度高时,茶叶的海绵组织发育较好,持嫩性差。对形成同样的生物量来说,较低的温度使茶叶积累物质慢,营养生长时间长,内含物增多;高温会缩短茶叶的生长期,影响茶叶质量。

(二) 水分条件

　　水分在茶叶生长中具有极为重要的作用。一般来说,要想成功栽培茶树,年降雨量应在 1000 至 1400 毫米之间,年降雨量在 1500 毫米左右是茶树生长最适宜的降雨量;在茶树旺盛生长过程中,月降雨量达到 100 毫米才能满足茶树生长的需要,如小于 50 毫米就会受到干旱的威胁。信阳年降雨量在 1000 至 1200 毫米之间,大部分茶区的年降雨量都在 1200 至 1400 毫米之间,4—9 月月均降雨量都大大超过 100 毫米。

　　与全国其他茶区相比,河南降雨总量并不算充沛;但与江北茶区的其他区域相比,河南南部的降雨总量则相对较多。与全国其他茶区相比,信阳的降雨季节分配相对均匀,十分有利于茶树的生长和全年茶叶质量的提高。

茶树喜湿润。一般认为，月平均相对湿度在 80%～90% 比较适宜，低于 70% 对茶树生长不利。河南南部的空气相对湿度在全国茶区中处于中下游水平，低于中亚热带地区，但高于北亚热带的其他产茶地区。在茶树旺盛生长季节，河南南部月平均湿度在 77%～81%，能够满足优质茶叶的生长需求。

（三）光照条件

阳光是茶树进行光合作用、制造有机质所必需的能量源泉，茶叶中的干物质有 90%～95% 是通过光合作用形成的。河南茶区的太阳总辐射量以 12 月最少，7 月最多。从 3 月到 7 月，总辐射量几乎呈直线上升，8 月至 9 月迅速下降，10 月相对稳定，10 月之后又迅速下降。太阳总辐射量在 3 月至 7 月的直线增加，对茶叶生长十分有利。在这段时间内,河南区域的气温和水分都呈上升趋势,这种光、热、水同期增加的组合,形成了河南以春茶生产为主体的格局。

茶树为耐阴植物,在散射光条件下,生长较为有利,可获得优质茶叶。河南在 5 月份之前,散射辐射呈增长趋势,并大于直射辐射,加之此时又是春雨季节,茶树不但生长旺盛,而且形成的茶芽较嫩,因此茶叶质量高。6—8 月是高温季节,太阳总辐射很强,直射辐射大于散射辐射,所以这段时间内茶叶质量要比春茶略差。但与江南同期(尤其是 7—8 月)相比较,散射的比例还是高一些。加之这段时间江南茶区处于高压控制下,降水量较少,而信阳此时降水量较大,散射辐射比较合适。因此,河南茶区夏茶的质量高于江南茶区夏茶的质量。

光照时间的长短直接影响茶树的开花结实期和休眠期。河南茶区属于高纬度茶区,夏秋季相对较长,日照时数一般为 12—14 小时,延迟了茶树开花结实的时间,茶树的营养生长时间加长,对茶叶生产和茶叶质量的提高十分有利。茶农普遍认为秋茶质量较高的重要原因可能在此。

到晚秋、初冬时节,日照时数迅速减少,这有利于茶树休眠期的形成,为茶树安全越冬打下良好基础。

云雾与茶树生长关系十分密切。在雨多雾重的自然环境下,茶叶生产质量大多较好。这是因为在多云雾条件下,空气湿度相对较大,散射光增多,符合茶树喜温耐阴的特性,因而芽头肥壮,叶质嫩软。在茶叶的内含物质方面,云多雾重的环境有利于含氮化合物和芳香物质的形成,可以提高茶叶中氨基酸等有效成分的含量。大别山区是我国亚热带东部丘陵山区雾日最多的区域之一，年平均日数在 100—130 天。而地处大别山西段北坡的信阳茶区，是整个亚热带丘陵山区的三个云雾日高值区之一，年均日数在 110—160 天。因此，河南茶区的云雾条件对优质茶生产十分有利。

（四）地貌条件

河南主要产茶区地处大别山西段北坡和桐柏山区的东段北坡，地势南高北低、西高东低。从南到北的地貌类型大致为山地、丘陵、岗地、平原，分别占总面积的 23.5%、26.6%、21.3% 和 22.7%，这种地貌类型结构十分有利于茶叶生产。

河南南部以中低山为主的山区，人口相对稀少，植被覆盖率较高，为茶叶生产提供了良好的生态环境。例如，信阳地处大别山北坡，因而全市具有阴坡自然环境的总体特征。这种特征对于茶树生长来说有利有弊。在水热条件方面，北坡不如南坡，但云雾条件要好得多；在日照方面，南坡为直射光型，日照强度大，而北坡刚好相反；北坡植被覆盖比南坡多，在土壤湿度和空气湿度等方面优于南坡。因此，总的来说，信阳茶叶生产的地貌条件要优于大别山南坡茶区。

（五）土壤条件

土壤是茶树扎根生存的场所，并且要供给茶树水分和营养。因此，土壤的类型、质地、酸碱度、养分含量对茶树生长相当重要。

土壤类型复杂，分 10 个土类，20 个亚类，36 个土属，92 个土种。土壤按命名标准有黄棕壤、水稻土、黄褐土、潮土、粗骨土、红黏土、石质土、砂姜黑土、紫色土、棕壤 10 个土类。

茶园主要分布在黄棕壤上，黄棕壤土层厚（平均 17.5～35.5 厘米），土壤有机质含量丰富，养分含量高，为茶园建设和茶叶优质丰产提供了良好的基础条件。江北茶区的茶园土壤主要为黄棕壤，江南茶区主要为红壤，西南茶区主要为黄壤和红壤，华南茶区主要为赤红壤。和其他土壤类型相比，黄棕壤的 pH 值为 4.5~6.5，有机质含量为 10.1~40.1 克/千克，土壤质地条件及土壤的阳离子交换量等条件都显示具有较高的自然肥力。因此，河南茶区的土壤条件在全国茶区中比较优越。

土壤酸碱度决定茶树的生长状况。茶树是喜酸植物，一般要求土壤 pH 值在 4.0 至 6.5 之间，pH 值为 4.5 至 5.5 的偏酸性土壤最合适。如果茶树在中性或碱性土壤中栽培，长势很差，甚至不能成活。土壤质地一般以砂质土壤为好。砂性过强，保水保肥能力差；质地过硬的土壤，易形成板结，通气性不好，影响根系生长发育和吸收养分。

耕作层深厚，土质松软，土层厚度达 100 厘米以上，熟化层或半熟化层达 50 厘米以上，底层有风化松软、疏松多孔的母岩，这类土壤有利于茶树根系生长发育。

茶树对土壤养分的要求是氮、磷、钾三元素含量高，其他微量元素适当，总体比例协调；有机质含量大于 1.5%。土壤养分的补助主要通过施肥、耕作、植绿、有益微生物培养等方式保证。

二、 种植栽培技术

茶农种茶以房前屋后零星种植为主。二十世纪五六十年代的茶园种植密度小，覆盖率低；70 年代开始推行行株距为 1.5 米×0.33 米的单条行植种植规格；80 年代推行双条行植种植规格，密度达到每亩 2000 多丛；还采用了抽槽换土、起高垫低、水平梯田、施足基肥等技术。1988 年开始提出"生态茶园"建设的新理念。

（一）园地选择

茶树是一种多年生、长效经济树种,经济寿命长达数十年,甚至上百年,园地选择必须持非常慎重的态度,因为它关系到我们种茶的成败和今后茶叶产量高低、品质优劣。

要根据茶树的生物学特性来选择园地。茶树具有喜温、喜湿、喜酸和耐阴、耐肥的特性。因此,种茶地区气候和土壤等自然环境要具备以下条件:有效积温在 3500℃ 以上,年平均气温在 14℃ 以上;年降水量 1000 至 2000 毫米,空气相对湿度达 70% 以上,活动土壤相对含水量达 75% 左右,地下水位低于 80 厘米;土壤要深厚,土层达 1.0 米以上,无黏土层和硬土层,土质疏松,土壤肥力好,砂质壤土为最好。土壤 pH 值在 4.5 至 6.5 之间。地势选择要求山地的坡度不宜超过 25 度。远离污染源,大气、水源不受污染,与交通干线的距离应在 1000 米以上,空气清新,水质纯净,土壤未受过污染。茶地周围林木繁茂,物种丰富,具有多样性。与常规农业区之间应有 50～100 米宽的隔离带,以山、河流湖泊、自然植被等作为天然屏障,也可人工营造隔离带。

河南南部茶区活动积温一般在 4600℃ 至 4900℃ 之间,年平均气温 15.1℃ 至 15.3℃,年均降雨量 900 至 1400 毫米,空气相对湿度年均为 77%,土壤以黄棕壤为主,土层深厚。茶树多种植在低山丘陵地区,自然环境优越。

（二）茶园规划

茶园规划主要包括土地规划，道路网、排蓄水系统、防护林的设置等。

以经营为目的的茶园，在土地规划时应保证生产用地的优先地位，并使各项服务用地与生产用地保持合适的比例，通常各类用地占比为：茶树栽培面积80%，路网5%，绿肥及生态林地10%，办公和生活区5%。

新茶园的地址选好后，要根据地形，大致划分出茶地、道路、沟渠和防护林带，以道路将茶园划隔成块，坡地茶园地块宜在5~6亩，平地在15亩以下，利于田间管理。

茶园路网设置。良好而合理的道路系统，是茶园规划设计的重要部分，是现代化茶园的标志之一，尤其是山地茶园，地形比较复杂,没有统一模式,需要实地多踏勘。一般800亩以上的茶场要建立道路网,包括干道、支道、步行道和地头道。150～300亩的茶园要设支道、步行道和地头道,做到茶园块块相连、路路相通。如果需要观光旅游,路面适当放宽。

主干道。这是连接各生产组、制茶厂和厂(园)外公路的主道,要求能供两辆货车交会通行。一般路宽6～87米,纵向坡度小于6度,转弯处的曲率半径不小于15米。在主干道两旁可种植行道树,两侧可设排灌沟渠,并在积水面较集中的地段,开挖蓄水池,积水量较大的路面,需埋设涵管,以免雨水冲毁路面。

支道。这是茶园划分区片的分界线,其宽度需能通两辆拖拉机,一般4～6米。对中小茶场来说,支道起到了主干道的作用。支道两旁同样要栽绿化植物,开挖蓄水沟、池,并在适当路面下埋涵管,以保护路面。

主干道和支道需要在开垦茶园前规划施工好,以利开垦作业。

步行道。这是从支道通向各块茶园的作业道,也是各块茶园的分界线,是茶园地块和梯层间的人行道,宽度2米左右,供手扶拖拉机通行。机耕茶园要留出地头道,以供耕作机械掉头。坡度较大的支道、步行道修成"S"形缓路迂回而上,以减少水土冲刷并便于行走。两条步道的距离控制在50～60米,否则不利于作业。一般在机耕后开挖。

为了少占用茶园土地,应尽可能做到路、沟相结合,以排水沟的堤坎作道路。

排蓄水系统建设。茶园的排蓄水系统主要指沟渠的设置,由渠道、主沟(纵沟)、支沟(横沟、隔离沟和蓄水坑组成)组成。在规划建设中，要做到"多雨能蓄，涝时能排，缺水能灌"，有条件的可以建设喷灌或滴灌的节水灌网。

平地茶园要以排水为主，排灌结合；坡地茶园以蓄水为主。

渠道。茶园灌溉系统主要有水源、干渠、支渠等。有条件的地方，可修建中、小型水库，以便自流灌溉；丘陵岗地茶园应选择水源方便、地势较高的地方设提水站，干渠通向各生产区，支渠通向各地块茶园。

主沟（纵沟）。连接渠道和支沟，主要作用是在雨大时，能汇集支沟余水注入塘、池内，需水时引水到支沟。其设置可按地势和坡向来定，如有自然山沟，整理后可利用；可沿茶园步道两侧修建，大小均视地形和排水量而定。

支沟（横沟）。支沟与主沟垂直，与茶行平行，其作用主要是蓄积雨水浸润茶地，并排泄多余的水入纵沟。坡地茶园每隔20行左右开一条支沟，沟外作步行道。梯式茶园在每块梯地的内侧开一条支沟，沟深20厘米、宽33厘米左右。在较长的支沟内，每隔3～4米筑一小土埂或挖一个小坑，以便拦蓄部分雨水，使之渗入土中，供茶树吸收利用，并可减少表土流失，做到小雨不出园，大雨不泛滥。

隔离沟。其作用是防止茶园上方积水直冲茶园，也可减少林草根系侵入茶园，沟的两端或一端要与主沟相通，大小一般深、宽各70～100厘米。沟内每隔3～5米留一土埂，拦蓄雨水泥沙，减缓径流。

蓄水坑（沉积坑）。在纵沟内每隔3～5米深挖一个水坑，其作用是沉沙走水，保土保肥。

防护林带的设置。营造防护林可改善小气候，夏季增加空气湿度和减少茶地水分蒸发,冬季帮助茶树抵御大风和严寒的侵袭,防止水土流失。

防护林一般种在茶园周围、路旁、沟边、陡坡、山顶、风口或茶园上方,防护林的树种要高干树和矮干树相搭配,最好选择能适应当地气候条件,生长较快的和有一定经济价值的树木。一般采用杉树、松树、板栗树、银杏树、油茶树等作为防护林木。在茶园内、梯坎和人行道上适当栽种一些遮阴树。

防护林要乔木与灌木、常绿树与落叶树相结合。遮阴树种应不与茶树争水争肥,并且与茶树无共同的病虫害。遮光率应以不超过 30% 为宜。

（三）园地开垦

园地开垦是提高茶园质量的关键。开垦之前,首先要清理地面,对待开垦的地块内的零星树木、乱石和坟冢等,要全面清理,便于机耕。

园地开垦因坡度不同而不同。平地或缓坡地(15 度以下)只需要调整局部地形,全面翻耕;而陡坡需要建水平梯田。

1. 平地或缓坡地茶园开垦

平地由于地势平坦,只需要对个别地段进行调整,即进行深翻,可人工也可用挖掘机。深度要求在 80 厘米,耕后应耙平,杂草树根可以深埋。初垦,全年可进行,初夏或冬季最为适宜。对于蕨类和茅草、金刚刺等,应人工除去。

2. 坡地茶园开垦

第一步:测定等高线。

等高线是为防止坡地水土流失而设置。测定等高线的常用方法有三种：一是用水准仪测定；二是用一条长 20～25 米的绳，两端为两根标杆，中央悬挂一个带有铅锤的直角向下等腰三角规移动测定。测量时先固定一端标杆，另一端上下移动，至三角规的悬锤与三角尖端相符合，这样两端即在同一水平线上，随即标记，同样测下去画线可得第一条基线；三是用抄平管测定等高线。将抄平管充满水，固定一端，移动另一端至两端水位一致，随即标记，同样测下去画线可得第一条基线。测定等高线是为做水平梯带服务的，在测定下条等高线时要考虑所做梯面的宽度，一般要保证梯面宽在 1.5 米以上，梯壁倾斜度不大于 60 度，计算放坡坡度后依次确定其余等高线。地势较缓处往往梯面过宽，要画线插入短茶行。

第二步：整地筑梯建带面。

坡地茶园修梯田主要是为了改变自然地貌，清除或减缓坡度，保水保肥，便于引水浇灌。因此梯面要有适当宽度，要求山势陡峭处，保证有 1.2 米宽度。梯长以 60～80 米为宜，大弯随势，小弯取直，一般用挖掘机沿等高线开挖。梯面外高内低，约差 15 厘米。树根、草渣清除出园，不埋入沟内，挖掘深度 60 厘米，当第一级梯面做成后，自下而上依次进行，及时加固梯壁。梯壁是保证梯级茶园质量的关键，可以用石坎、泥坎或草皮坎等。坡度在 15 度以下宜做 4～6 米宽梯带；坡度在 15 至 25 度之间做 2～3 米的梯带。

第三步：抽槽换土。

新垦基地在茶树种植前，必须进行深耕或抽槽，以改善土壤结构，提高通气透水性，促进土壤熟化，为茶树根系生长创造良好条件。抽槽时间最好放在 10～12 月上旬进行。这时基本不争农时,劳力充足。早春时节,结合表土回沟,配施有机肥。平地茶园规划行距 1.5 米,开沟规划 60 厘米×60 厘米。抽槽要注意分两次开挖,先取出表土 30 厘米,再取出生土 30 厘米,分开进行,将表土填入新开槽槽底,生土结合施底肥再分层回填。梯级茶园,新做梯面土质松软,不用再抽槽,直接将有机肥撒到梯面,再人工翻土 30 厘米,翻入土中。亩施腐熟堆肥 2500～3000 千克或饼肥 150 千克,配施磷肥 50～100 千克。

(四) 茶树种植

在种茶之前一定要选好良种,这是决定茶叶经济效益高低的基础,一般应选择高产、优质、适应性强、抗逆性强、适制性好的茶树良种。信阳属于江北茶区,应选择抗寒性强,适制绿茶,品质优良的中小叶茶树良种。经多年的引种试种,推荐以下良种供选种参考:白毫早、乌牛早、平阳特早、龙井 43、福鼎大白、信阳 10 号、碧香早、薮北茶等。

(五) 茶籽直播

选择合格茶种的标准是:(1)发芽率不低于 75%;(2)杂物不高于 2%;(3)种子含水量为 22%～38%;(4)种子直径 10～12 毫米,每斤茶籽不多于 500 粒;(5)种子已达标准成熟度,无霉变、虫蛀、空壳、破壳现象。此外,不使用在寒露前采收的茶籽,一般使用霜降前后采收的茶籽。

播种之前,土地经过施肥、深耕后,即开始耙松土壤、平整地面,然后按规定行距划分种植线,用石膏粉或竹签做标记,在种植线上挖种植沟或按丛(株)距挖出种植穴。沟深 3～5 厘米,沟宽 15～20 厘米。

播种时期分春、秋两季,以秋播为好。茶籽可以随采随播种,宜在土地上冻前进行。春播在土地解冻后的 2～3 月份进行,不宜过迟,过迟会降低茶籽发芽率和它的生命力(过夏隔年茶籽无发芽能力)。一般缓坡平地茶园单行条植,行距 1.5 米,小行距及丛距 33 厘米左右。梯形茶园以单行条植为主,行距 1.2 米左右,根据梯面宽度而定,丛距 30 厘米。播种时按规定丛距,穴中放入茶籽 6 粒左右。秋播宜深,为 5 厘米,春播宜浅,约 3 厘米。然后盖土。常规茶园单条播约 1334 穴/亩,亩正常用种量(发芽率在 75% 以上的标准茶种) 10～15 千克,双条播茶园用量加倍。

（六） 茶苗移栽

把好茶苗质量关:(1)茶苗高度不低于 20 厘米(一级茶苗 30 厘米以上;二级茶苗 25～30 厘米;三级茶苗 20～25 厘米);(2)主茎粗细不小于 3 毫米;(3)根系生长正常;(4)主茎离地面 10 厘米已木质化;(5)无病虫害寄生;(6)茶苗鲜活。

栽植方式:茶苗移栽的行距、丛距与茶籽直播的规格相同,同样是画行线开沟(或穴)并施底肥。所开的行或穴的深度比茶籽直播的要深些、大些,深度不小于 10 厘米,每穴定植壮苗 2～3 株。

栽植技术:栽时一手取 2～3 株苗木,植株放入穴(或沟)中,每株稍分开,根系要保持舒展状态;另一手将表土填入穴中,立稳苗木,继续填土,填土到一半时用手压紧根部的土壤,茶苗稍稍上提,使根与土壤紧密接触,然后再继续填土,填到苗木根茎处为止,然后用脚踏紧土壤。浇水,土面下沉后再铺盖些疏松表土。

为防止土壤水分蒸发过快,提高茶苗移栽成活率,注意以下几项关键技术：

1. 注意移栽时间。移栽一般分春栽和秋栽两种。秋栽在茶树地上部分停止生长后进行；春栽在早春解冻后，气温稳定时，2月中旬至3月中旬茶芽开始萌动前进行。阴天比晴天好。

2. 细心取苗。起苗时，尽量多带根土（老娘土）。减少根系损伤。若苗地过硬，可在取苗前1—2天灌足水分，以利挖苗。

3. 茶苗要随挖随栽。如果出土茶苗当天栽不完的，必须进行假植。

4. 栽植深度适当，以栽到略超过苗根茎处为宜。

5. 栽植时要分层填土，并用双手按实，使根系与土壤紧密接触。填土过半时，浇一次移栽水，待水下渗后，用细土封根。栽后一周无雨，要浇定根水，半月后无雨，要浇返青水。以后视土壤和旱情适时浇水。

6. 茶苗定植后，应随即进行一次定型剪，留高15～16厘米，以减少地上分枝叶的水分蒸发。

7. 长途运苗，茶苗根部应沾上泥浆，并用湿稻草包裹。

8. 栽后要加强管理，适时进行松土、锄草和病虫害防治。

（七） 苗期管理

主要是做好防冻、抗旱以及病虫害防治工作：(1)冬季和早春注意防寒，主要措施是茶行铺草熏烟。(2)夏季和秋季注意抗旱保苗和防治病虫害，适当耕锄遮阴。主要措施是茶行铺草，间作绿肥或其他适宜作物，搞好病虫测报，及时防治病虫害。无性茶苗，夏季关键要做好补水工作。(3)培养树形，搞好定型修剪，第一次修剪留高15厘米，以后修剪在上次剪口上提高10～15厘米。共需三次定型修剪。

种植茶园还需要注意：

合理密植。实行科学种植，提高茶叶产量。原来种植 600～1200 丛/亩，茶园行间空隙大，土地、肥料、阳光利用率均很低，存在茶园覆盖度小、单产低的问题。根据试验，在种植行距不变的情况下增加密度后，增产幅度小；在种植丛距不变的情况下，缩小行距增加密度后，增产幅度大。根据这一结论，今后应大力推行合理密植方法，平地及 15 度以下阶梯茶园大行距为 1.2～1.5 米，小行距及丛距 0.33 米，双行双株；15～25 度修筑梯带后单行 3 株为好，通过这种合理规划与布局，基本保证了茶树单株个体发育，同时还可以充分发挥茶树群体优势，增加单位面积的芽叶数量，扩大茶树覆盖面，充分利用土地、肥料、阳光。

改变单一的茶树种植方式，实行立体复合种植，提高茶叶产量和质量。

为了提高土、光、肥利用率，可改善土壤理化性质，调节茶园小气候，可改单一的茶树种植方式为立体复合种植，通过建立以茶树为主体的多层次、多结构、多成分、多功能，结构稳定、系统平衡的复合茶园，实现最佳经济、生态、社会效益。对茶园覆盖度没有超过 60% 的平地茶园，实行乔（树木）—冠（茶树）—草（绿肥、农作物、中药材）三层立体种植；对覆盖度超过 60% 的茶园，实行乔—冠立体种植。

板栗、银杏每亩 8 棵为宜。乔木与茶树套种，乔木根系在土壤中分布较深，基本与茶树不会发生争肥现象，相反，夏可遮阴，增强茶叶持嫩性，叶子落入茶园，对疏松土壤和增加土壤有机质含量又起到了一定作用，绿肥腐烂后可改善土壤理化性状。

据试验,在同等条件下,立体茶园产量有所提高,品质能提高1～2个等级,茶园可实现常年有收入并达到增值。

三、采摘制作流程

河南制茶历史悠久,从绿茶到各种茶类,从手工制茶到机械制茶,其间经历了复杂的变革。茶叶品质的形成,除了茶树品种和鲜叶原料的影响外,加工条件和加工技术是决定因素。豫南茶叶特别是信阳毛尖,为中国茶叶之精品,由当地的地理环境、土壤结构、气候环境等天然条件孕育而成,要实现信阳茶叶品质再提升,需要在加工工艺上下功夫。

绿茶手工炒制工序:鲜叶分级→摊放→生锅→熟锅→初烘→摊晾→复烘→毛茶整理→再复烘。如采用筛分方法,分级可在摊放后、生锅前进行。

绿茶机械炒制工序:鲜叶分级→摊放→杀青→揉捻→解块→理条→初烘→摊晾→复烘。如采用筛分方法,分级可在摊放后、杀青前进行。

信阳毛尖是信阳市的"金名片",外形细圆紧直,色泽翠绿,白毫显露,内质汤色嫩绿明亮,滋味鲜爽回甘,香气馥郁持久。2014年,信阳毛尖传统采制技艺入选国家非物质文化遗产项目名录。2017年4月,信阳被授予"中国毛尖之都"称号。2017年5月,信阳毛尖荣获"中国十大茶叶区域公用品牌"。下面以信阳毛尖为例,探寻河南茶叶制作工序。

信阳毛尖手工炒制加工工序和技术参数

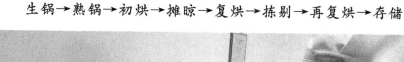

（以浉河区浉河港镇黑龙潭村信阳毛尖传统制作技艺为例）

生锅→熟锅→初烘→摊晾→复烘→拣剔→再复烘→存储

详细工艺流程：第一步，生锅。将锅烧到 140℃～160℃高温时，迅速将鲜叶放到锅里进行杀青。以细软竹枝扎成的茶把，在锅中反复挑抖，初揉鲜叶，使鲜叶抖散相结合。主要作用是蒸发水分，散发青草气，发挥茶香，使鲜叶柔软。茶叶初步成圆条后，有四五成干（含水量55%左右）即转入第二步。第二步，熟锅。熟锅锅温 80℃～100℃，仍用茶把复揉做条，不时挑散锅中茶叶，三四分钟后，茶叶互不相粘，改用手直接理条，以手反复抓条、甩条，茶条在斜锅中反复滚落，变得圆直光润。茶条定型后，有七八成干（含水量 33%～35%）就清扫出锅。理条是信阳毛尖炒制中特有的一个动作，可以使得茶条细圆紧直，外形美观。第三步，初烘（90℃，20—25 分钟，每隔 5—8 分钟翻动一次）。对茶叶进行干燥,使其继续蒸发水分,便于保存,将茶叶的形状固定。第四步,摊晾。将初烘后的茶叶摊开,防止因堆放产生高温。茶叶初烘后,要及时摊晾1—4小时。第五步,复烘(80℃,30分钟,每隔5分钟翻动一次)。将摊晾后的茶叶再次进行干燥处理,又称"二道火"。第六步,拣别,俗称择茶。将不符合要求的片子、老梗及异物等影响茶叶质量的东西拣出去。第七步,再复烘(60℃,20分钟,每隔5分钟翻动一次)。对茶叶进行第三次干燥,也称"拉烘"或"打足火",作用是使茶叶进一步干燥,以利于长期保存。三次烘焙后,茶叶达标准含水量6%。第八步,存储。传统的方法是把茶叶包好后,和木炭放在一起储藏,可以达到防潮和保鲜的效果。

信阳毛尖半手工半机械化炒制加工工序和技术参数
(浉河区茶农常用)

鲜叶→摊放→筛分→滚筒杀青→揉捻→生锅(摇头机)→熟锅(手工)→烘炕→摊晾→拉烘→存储

详细工艺流程:鲜叶,浉河区茶农俗称"青习"。采摘后,先摊放1—2小时,然后上筛选机,筛分出小芽、次芽和一芽两叶。用滚筒杀青机(40型为例),121℃杀青40秒。用揉捻机揉捻20—30分钟,每次10斤左右;用生锅揉条30分钟,每次2—3斤,70℃;熟锅理条3分钟,手抓,每次4—5两,60℃。

烘炕可以用排把机(每次63分钟,7两,100℃,2—3分钟)代替。摊晾后,用烧透的红炭(不用黑炭,不能有明火)拉烘10分钟,存放两天,茶叶返青后,复烘。

炒茶时,使用的生锅和熟锅均用直径82.5厘米的"牛四锅",呈30~35斜度安放在33厘米高的锅台上,两锅相连砌置。生锅呈 30 斜度,不光;熟锅呈 35 斜度,锅面较光,是信阳毛尖细圆紧直的关键工序。

信阳毛尖机械炒制加工工序和技术参数
（部分茶企采用）

鲜叶分级→摊放→杀青→揉捻→解块→理条→初烘→摊晾→复烘

详细工艺流程:鲜叶分级后,摊放至含水率 70% 左右;高温适度杀青,杀青叶含水率 60% 左右为宜;短时轻压揉捻 5—8 分钟;理条投叶量不宜太多,时间不宜太长(5—8 分钟);高温薄摊快速初烘,温度 120℃,时间 5—8 分钟;适度复烘两次,第一次温度 100℃,中间充分摊晾,第二次温度 90℃,充分烘干,使含水率为 5%～6%。

第四章
河南名茶认知

一、信阳的茶

（一）信阳毛尖

信阳种茶始于东周，名于唐，兴于宋，盛于清，发展于当代，拥有 2300 多年的历史，享有盛誉。茶圣陆羽"淮南茶光州上"、大文豪苏东坡"淮南茶信阳第一"，是对信阳茶的千古定论；1915 年巴拿马万国博览会金奖以及"中国十大名茶"、国家质量金奖、世界绿茶大会最高金奖等诸多荣誉称号，是对信阳茶的最好褒奖。鸡公山大茶沟山区，拥有唐宋遗株 60 棵，最大古茶树根部周长 88.8 厘米，树高 4.2 米，是信阳茶历史的"活化石"。在唐代，信阳是著名的"淮南茶区"，所产茶叶品质上乘，被列为贡品。宋代时，信阳茶产量占全国的 1/5，是当时重要的茶叶集散地；到清代，信阳已有 6 个县区产茶，逐步形成了信阳茶独特的炒制工艺。1913 年，信阳茶正式定名为"信阳毛尖"。

信阳茶区八县两区主产信阳毛尖，其主要原料基地有五云（车云山、天云山、集云山、云雾山、连云山）、两潭（黑龙潭、白龙潭）、一寨（何家寨）、一门（土门）、一寺（灵山寺，另一说为净居寺），以及平桥区震雷山、固始九华山、商城黄柏山等，这些地方海拔多在 300～800 米，高山峻岭，峰峦叠翠，溪流纵横，云雾弥漫。优美的环境，滋润了肥壮柔嫩的茶芽，为制作独特的信阳毛尖提供了天然资源。

信阳毛尖审评特征

外形：条索紧实，色泽墨（翠）绿，匀整，净度好

汤色：绿明

香气：清香（栗香）高长

滋味：浓醇甘爽

叶底：绿明、厚实、匀整

（二）信阳红

2010年,信阳成功研发"信阳红"。"信阳红"一诞生,便受到广大消费者的喜爱。"信阳红"采取独特的制作工艺,在萎凋、揉捻、发酵、干燥等工序上进行创新、提升,如发酵过程的精准控制,以叶片变铜红色、青气消失、散出清新花果香为适度,形成有别于其他红茶的品质,条索紧细匀整,色泽乌黑油润,香气醇厚持久,汤色红润透亮,口感绵甜厚重,叶底嫩匀柔软,定位为中国高端新派红茶。

"信阳红"具有消炎杀菌、解毒、提神消疲、利尿、生津清热、止渴消暑及防龋、健胃养胃、助消化、促食欲、延缓衰老、降血压、降血糖、降血脂、抗癌、抗辐射、防治心肌梗死等独特的保健功效。

"信阳红"充分利用了夏秋茶等茶叶资源,它的生产研制,进一步丰富了信阳茶叶的品类,提高信阳茶叶的产量、产值和效益,给信阳茶产业注入了新的活力。

"信阳红"审评特征

外形:壮实,乌润,匀整,净度好

汤色:红亮

香气:高,有甜香

滋味:醇厚

叶底:嫩,红亮

 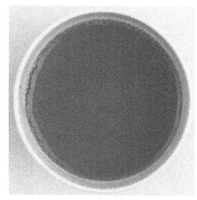

（三）信阳白茶

 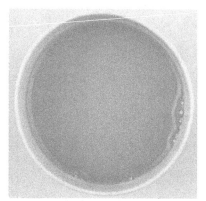

　　白茶属轻发酵茶类，是六大茶类中工艺最质朴简单的一种。信阳白茶鲜叶采摘后不炒不揉，只经萎凋、干燥两个简单而淳朴的工艺制出。其中，萎凋是信阳白茶品质特征形成的关键工序。从采摘鲜叶到最后制成茶叶这一过程中，耗时最长的就是萎凋。

　　信阳白茶的制作工艺看似简单，却极为考验制茶者的功力：日光萎凋是传统工艺中最关键的一个地方，即把采下的新鲜茶青摊晾在一块水筛上，阳光不太强烈的时候，放在阳光下慢慢蒸发水分。茶青均匀薄摊在水筛上，不能重叠，不能因为捂烂而变质。

萎凋的工艺与时间不一样，制作出来的信阳白茶口感也不同。正常而有效的萎凋，使鲜叶的青草气消退而产生清香，成茶滋味不苦不涩。在萎凋过程中，如果萎凋过度，茶叶会出现熟闷味；萎凋过轻，茶叶则有青草气。

信阳白茶看似简单的制作工艺，其实一点都不简单。白茶茶青萎凋的时候芽叶要保留完整，摊放不可重叠，不可翻动，防止伤叶红变。同时，在这个过程中要随时关注天气变化，及时调整水筛的摆放位置、摊晾的厚薄、晾晒的时长等，还要随时注意风向和风速。千百担茶的水筛，有时一天要历经两三次的晾晒、收回，需要大量工人 24 小时照看。

二、　南阳的茶

 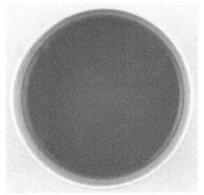

地处淮河之源、盘古之乡的河南桐柏，因独特的地理位置和自然环境，自古以来就盛产茶叶。唐代的茶圣陆羽曾在《茶经》上对古义阳郡（治今河南信阳西北）茶的品质做了详细评价，民间曾

流传的"借问陆君何处去，品茗只向太白峰"一说就是对"桐柏山茶"悠久历史的最好诠释。有《桐柏县之志》记载为证，到宋代时，桐柏茶场已被列为全国十大茶场之一。宋代的一位名士在游览太白峰诸多名胜并品罢桐柏山茶后，特地写下一副佳联："阁楼三层读书论奇，泉水九壑听瀑蒸茗。"

桐柏作为河南省的核心产茶县、优质茶叶生产基地，正在将茶叶作为该县生态农业的组成部分大力发展。2010 年 9 月，该县成功研制出有机红茶，时任河南省委书记卢展工在桐柏考察工作期间，品尝了桐柏有机红茶，并欣然命名：桐柏红。"桐柏红"精选淮源国家风景名胜区太阳池（松云谷）生态农业茶园之鲜嫩芽叶精制而成。茶园处于深山幽谷之中，与水帘禅院毗邻；茶树攀爬于乱石红壤之间，同潺潺溪流相伴；晨钟暮鼓，云蒸霞蔚，孕育了娇俏纯洁的芽叶。茶园秉承传统工艺，注重精选、精制、精炼；利用现代技术，力求新形、新味、新韵；追求品质，塑造品牌，奉献出生态高档之红茗。"桐柏红"条索纤细紧致，色泽乌润；汤色红艳晶莹，香气纯正悠远；回甘甜爽绵长；饮后齿颊留香，韵味无穷，堪称红茶上品。

三、 平顶山的茶

平顶山灵珑山白茶产自舞钢市庙街乡的灵珑山。灵珑山茶园，目前有 6000 多亩，由河南省千宝农业种植有限公司创建，是平顶山市唯一的茶叶种植项目。产品"灵珑山白叶 1 号"，通过国家权威机构认证,符合绿色食品 A 级标准。

灵珑山白茶,其形挺直略扁,似蕙如兰,气质优雅,其色青翠碧绿,白毫显露,冰清玉洁,其叶芽如金镶碧鞘,内裹银箭,轻灵俊逸。

冲泡之后,茶汤清香高扬,鲜醇甘爽,饮毕唇齿留香,回味绵长。开水冲泡后,观白茶舒展,还原呈玉白色,叶底嫩绿明亮,芽叶朵朵可辨,似片片翡翠起舞,更有玉液琼浆,清莹澄澈。

四、 驻马店的茶

　　驻马店市产茶区集中在驿城区胡庙乡长寿山，茶园约2300亩，所产"天中芽尖"色泽青绿，汤色清澈，入口微涩，回味微甘，淡雅清新，香飘四溢。"天中红"则色泽乌黑泛红光，香气浓郁，滋味醇厚甘爽，养胃养神。

五、　济源的茶

　　济源茶文化源远流长，以茶为村名的茶房、茶店，印证着济源悠久的茶文化历史。见到远道而来的客人必请到家喝茶，是济源传承至今的朴实民风。石茶、冬凌茶、菊花茶、蒲公英茶等各类药茶、凉茶,反映出济源茶文化的包容大度;煎茶、泡茶、煮茶、分茶,可以看出济源人对茶事的讲究;上茶、敬茶、受茶、品茶,一招一式,都蕴含着古老民族的郑重礼仪。

济源茶文化值得自豪的是"茶仙"卢仝(号玉川子)和他的《走笔谢孟谏议寄新茶》(又名《七碗茶歌》)。该诗以独特的视角、敏锐的感受、飘逸的语言,道出了芸芸茶人心中理想的茶境:"一碗喉吻润。两碗破孤闷。三碗搜枯肠,唯有文字五千卷。四碗发轻汗,平生不平事,尽向毛孔散。五碗肌骨清。六碗通仙灵。七碗吃不得也,唯觉两腋习习清风生。"千百年来,《七碗茶歌》传唱不衰,"七碗""玉川子"成了茶事、茶人的代名词,声名远播,卢仝被日本、韩国尊为茶道始祖。时至今日,济源人民仍然对卢仝的故事津津乐道。

冬凌草,又名冰凌花,系唇形科香茶菜属植物碎米桠变种。地上部分可全株入药,以叶的药效最佳。全株结满银白色冰片,风吹不落,随风摇曳,日出后闪闪发光,由此而得名冬凌草。冬凌茶具有清热解毒、消炎止痛、健胃活血之功效。虽然在南太行山区广泛分布,但济源冬凌草所含抗肿瘤有效成分——冬凌草甲素、乙素明显高于其他地区,因此有"王屋仙草"的美称。1977 年,冬凌草被收入《中华人民共和国药典》,并编入《全国中草药汇编》。2006 年,国家质量监督检验检疫总局批准济源冬凌草为中国地理标志产品。

"卢仝茶"产自王屋山深处的卢仝茶园。鲜叶经摊青、杀青、揉捻、理条、烘干五道工序后,制成卢仝高香绿茶。

六、 开封的菊花茶

　　菊花茶,是一种以菊花为原料制成的花草茶。菊花茶的制作工序是:鲜花采摘、阴干、生晒蒸晒、烘焙等。菊花味甘苦,性耐寒,有散风清热、清肝明目和解毒消炎等作用。菊花茶起源于唐朝,至清朝广泛应用于民众生活。

　　菊花茶是河南省开封市的特产。开封是一座驰名中外的菊花名城,种植菊花的历史最早可追溯到1500多年前的南北朝时期。北宋时期即诞生了我国第一部菊艺专著——《菊谱》,记载菊花35个品种,数量空前,据此人们先后开发出了开封菊花红、开封菊花黄、开封菊花白3个系列8个茶品。

　　目前,开封的菊花已占全国份额的80%。开封菊花品种多样、造型丰富,花色纯正,朵形丰满匀称,花头整齐。开封菊花茶选用初开的菊花,花朵肉质肥嫩,形态整齐,久泡不散。茶汤微黄澄明,茶香清新淡雅。泡开的菊花整杯舞动,形如绣球,极具观赏性。

第五章
河南古窑口瓷器科普

　　器以载道,茶与器的关系非常紧密。中国茶器具的发展是随着人们饮茶方式的变化和中国陶瓷制作水平的提升而逐步演变的,经历了从无到有,从食器、酒器共用,再到饮茶专用的过程。茶器具文化也是中国茶文化的重要组成部分,尤其是随着品茶艺术的发展,茶器具也日趋精美,陶瓷工艺的发展与突破给茶器具注入新的变革力量。我们现在把泡茶过程中使用到的器皿统称茶具,主要指茶壶、茶杯等,但是在古代称为茶器具。唐代陆羽的《茶经》把采茶、加工茶的器具称为茶具,把泡茶、饮茶的器皿称为茶器;宋代又合二而一,把茶具、茶器合称为茶具。在开展品茶活动时,选择何种类型的茶具,是饮茶者根据饮食习惯、文化风俗、审美认知、身体体质等各取所需,除此之外,中国陶瓷工艺制作水平的发展也决定了饮茶氛围和饮茶者的品饮体验感。

一、 中国历代饮茶方式与茶器选择

（一）唐代煮茶推崇青瓷茶具

饮茶之风蔚然形成在唐代，士大夫文人将喝茶上升到精神层面的追求，讲究"察色，嗅香，品味，观形"，由此也形成了一批以生产茶具为主的著名窑场。唐代主要喝饼茶，茶汤偏红色，青瓷茶碗注入淡红茶汤，显绿色。"青则益茶"符合唐代文人雅士对茶汤的审美，因此越州的青瓷大受推重，这个可以在唐代陆羽《茶经》论著中找到论证："碗，越州上，鼎州次，婺州次……或者以邢州处越州上，殊为不然。若邢瓷类银，越瓷类玉，邢不如越一也；若邢瓷类雪，则越瓷类冰，邢不如越二也；邢瓷白而茶色丹，越瓷青而茶色绿，邢不如越三也。"据载，唐代的龙泉青瓷备受瞩目。

（二）宋代斗茶偏爱黑瓷建盏

从北宋开始全民皆饮，尤其推崇一种观赏和娱乐性极强的饮茶方式——斗茶。斗茶是以盏面汤花色泽、均整度、厚度、汤花与茶盏的贴合度等为衡量标准。为此，宋代茶器具的制作也随着人们饮茶方式的变化有了很大变化，除了煎水的工具改为茶瓶（汤瓶），又增加了用于搅动、激荡茶汤沫饽的茶筅，并将唐代茶碗改为茶盏，还认为茶盏贵青黑，黑色茶具因"茶色白，入黑盏，其痕易验"而受欢迎。黑釉盏能够反映茶汤和色泽，成了宋代瓷器茶具中最大最多的品种。其中建窑生产的茶具，在烧制过程中釉面呈现的兔毫纹饰、鹧鸪斑点等让品茶汤的过程中多了一些意境美学,一度成为宋代雅士追捧的茶具。

(三) 元明流行白瓷和青花

元明之际,斗茶之风衰败,散茶成为主流,相应地出现了有利于衬托散茶绿色汤汁的白瓷及素淡雅致的青花瓷,尤其是胎白而细密、釉色光润的白瓷成为主要泡茶器具。明代张源在《茶录》中写道:"盏以雪白者为上,蓝白者不损茶色,次之。"明代《长物志》也记录有皇帝的御用茶盏特点,说"宣庙有尖足茶盏,料精式雅,质厚难冷,洁白如玉,可试茶色,盏中第一"。这就不难理解明清时期的青花、斗彩、粉彩茶具,为何均以白色为主调了。

(四) 清代善用盖碗和紫砂壶

清代的饮茶方式延续明代的散茶冲泡并形成了清饮风尚,为此带托的盖碗成了体现清饮法的重要器皿。盖碗冲泡散茶,便于品饮者观赏茶形状,同时还能够更好地嗅闻茶汤,为此出现各种容量、不同釉色、多样粉彩的盖碗器具。此外,明代中期以后,紫砂茶具兴起,紫砂取天然泥色,烧制后耐寒耐热,泡茶无熟汤味,能保真香,且传热缓慢,加之紫砂壶胎质细腻,捧在手掌中温润如玉的特质与中国文人风骨遥相呼应,因而大受推重。特别是清代以后,茶具品种增多,造型多变,再配以诗、画等艺术手段,茶具制作被推向新的高度。

河南是我国北方地区瓷器发源地,省内瓷窑发现较多,主要集中在豫中和豫北地区,全省共有 18 个县、市发现古陶瓷窑址,少的发现两三处，多的达上百处。宋金元时期主要以烧制钧瓷、耀州窑、磁州窑、定窑四个窑系瓷器为主，其中钧瓷、青瓷占比最大。

二、 钧窑瓷器

（一）历史价值

钧窑瓷器以"瑰丽异常"的钧釉名闻天下，历代被誉为"国之瑰宝"，在宋代享有"黄金有价钧无价""纵有家财万贯，不如钧瓷一片""钧瓷挂红，价值连城"的盛誉，是中国陶瓷艺术史上的一个重要符号，在世界陶瓷发展史上占有重要地位。宋代五大名瓷钧、汝、官、哥、定，钧瓷为首。其他瓷上可供贵宦高堂，下可入布衣陋室，唯钧瓷专属帝室，民间罕见。

（二）窑址

钧窑窑址在河南省禹州市。

（三）工艺流程

1. 加工

●选料→矿料处理→配料→装磨→运行→放磨→过筛入池
→陈腐

●选料。在矿区寻找性能可靠,质量稳定,易于钧瓷生产窑
变的原材料,并进行精心挑选。

●把原材料进行必要的处理。瓷土堆放于露天料场,进行长
期的、循环不断的风吹、日晒、雨淋、冰冻,使其风化润酥,改善性
能。矿石料需轮碾进行粗碎,成砂粒状或粉状。有的需遮阴、防
雨、防尘等。

●细磨。把各种原料按配比装入球磨机中转动,打成符合质
量要求的泥料或釉料。

2. 造型

根据设计意图制作出一定形状的模子。钧瓷传统造型以盘、
钵、碗、炉、花盆等器皿为主,追求端庄大气、质朴自然的艺术风
格。现代钧瓷在传承传统的基础上,进行了大胆改革,形成了茶
具系列、动物系列、人物系列、器皿系列等上百个造型系列共上千
个品种。

3. 制模

打漆→分线→闸子儿→打油→和石膏浆→注石膏浆→修模→揭

扇→制套

把成型的模子翻制成模型。模型材料古代用泥翻制成后素烧成模，可用于脱坯成型。

现代普遍用石膏粉加水调制成浆，使其凝固成模。石膏模既可用于注浆成型，也可用于脱坯成型，素烧泥模和石膏模的相同点是都具有一定的强度和吸水性，可反复多次使用。模型一般为内空型，其内壁的形状即坯体的外形。

4. 成型

●注浆成型

清模→合模→量浓度→过罗→注浆→放浆→开模→修坯→粘接→打章→干燥→抹坯

把泥浆注入石膏模型中，待有一定厚度后，把多余的泥浆倒出，少顷打开模型即可取出成型的坯体。

●拉坯成型

泥浆脱水→练泥→揉泥→拉坯→旋坯→粘接→打章→干燥

在转动的轮盘上放一泥团，用手拉制成各种圆形的坯体，为传统成型方法之一。

●印坯成型

清模→合模→搓泥条→印坯→开模→修坯→粘接→打章→干燥

把泥料拍打成泥片，紧贴在模型内壁压实，对接成型。脱大瓶时须把泥搓成泥条置于模型内，并拍打成合适厚度的坯体，连续不断地重复这种过程，逐渐扩展坯体，直至把整个大瓶脱成。

5. 素烧

验坯→支棚板→装窑→入窑→烧窑→冷却→开窑

素烧是将已成型的净坯,也就是还没有上釉的坯体,装入窑炉进行烧制的过程。素烧温度一般在 900℃ 至 950℃ 之间。素烧后的坯体称为素胎,经过素烧,坯体的有机物被氧化,水分溢出,其中的碳酸盐和硫酸盐也被分解,到釉烧时可避免这些物质的挥发而导致釉面出现棕眼、釉泡等缺陷,同时也避免了碳素的沉积,可使钧釉色彩鲜艳、光亮。

素烧后的坯体强度增大,利于施釉、装窑及转运操作,而且坯体的气孔增加,吸水力增强,提高了吸釉能力,施釉时易于达到所需的釉层厚度,并能保证施釉的工艺质量要求。

6. 上釉

检素胎→上水→量浓度→捞釉→上釉→干燥→刷釉→清足

把经过素烧的素胎,采用浸釉、浇釉、刷釉等方法进行上釉,使素胎表面附着一层具有合适厚度的釉浆。

7. 釉烧

支棚板→清棚板→撒砂→装窑→入窑→烧窑→冷却→开窑

釉烧是钧瓷制作最为关键的一个环节。釉烧过程一般分为四个阶段。

第一阶段为氧化期(窑室温度达到 950℃,用时 2～3 小时)。这个阶段用氧化气氛,氧化充足,以升温为主,主要是排除坯胎中上釉时吸附的水分和釉层中木料所含的水分,同时使釉料中的有机物氧化、挥发。

第二阶段为还原期（窑室温度 950℃～1250℃，用时 8～9 小时）。氧化期烧到 950℃ 开始转火，由氧化气氛转入还原气氛。这个阶段通过燃烧产生的一氧化碳进入多孔的胎和釉中，使其所含的铜和铁得到还原，加上其他因素的影响，使钧釉呈现五颜六色、千变万化的窑变效果。

第三阶段为弱还原期（窑室温度 1250℃ 至烧成温度，用时 2 小时左右）。这个阶段的主要目的是升温达到釉成熟的烧成温度，使釉面光亮。这个阶段坯胎完全烧结成瓷胎，釉面效果大部分已形成。

第四阶段为冷却期（窑室温度从烧成温度至 200℃，用时 12 小时）。烧成结束火住后，首先拉开窑炉闸门，使之自然冷却。钧瓷烧成时由于温度、气氛以及气候等的影响，烧成后的产品具有色彩斑斓、变化万千的窑变效果。

8. 检验

对烧成后的产品，按照钧瓷质量标准进行拣选和分级。合格品一般有正品、精品、珍品等级别。正品没有缺陷或缺陷极小，窑变效果一般；精品没有任何缺陷，有一定的窑变效果；珍品则是精品中的佼佼者，窑变效果丰富而独特。窑变效果包括钧瓷产品釉面的色彩、斑点、纹理、开片及自然图画、意境等。

（四） 造型功能

宋代钧瓷突出高雅品位，功能注重审美需要和精神需要。除通常的器皿类造型花盆、花托、杯、奁、碗、盘、壶外，表达审美、寓意权贵、敬神祭祖用的瓶、尊、鼎、炉等占一定分量，文房类用品洗、盆也不少。

（五）　釉色意境

1. 正

指钧瓷的釉面颜色纯正。例如，红色就要鲜艳好看，或如鸡血，或如海棠，不能发乌。釉面缺少变化色又不正的钧瓷就太一般了。娇艳的釉色明快点，老辣的釉色深沉点，都是钧瓷纯正到位的颜色。

2. 纹

指钧瓷的釉面上出现的各种纹路或斑点。有蚯蚓走泥纹、冰裂纹、鱼子纹、龟背纹、蟹爪纹、飞瀑纹、蛛网纹、流星斑、虎皮斑、雨点斑、雪花点、油滴斑、珍珠点等，这些纹路和斑点给钧瓷平添了一种肌理美。

3. 境

指钧瓷的釉面上形成的意境图画。其前提必须是通过窑变自然形成，不是人为所致。这种变化妙在似与不似之间，欣赏时能引起人的联想，情景交融，从而使人心情愉悦，获得美的享受。

4. 浑

指钧瓷的釉面窑变色彩、纹路、斑点、意境浑然一体。釉面自然天成，给人以整体的美感。釉层浑匀一致，无局部过厚堆积或露底的现象，浑是钧釉窑变的主要特征之一。

5. 变

指钧瓷的釉面色彩变化丰富，五彩渗透。一件瓷器釉面上同时出现多种复杂的色彩，很难用语言来形容，可谓紫中藏青、青中透红、红中寓白、白里泛蓝、蓝中有绿，各种色彩交织在一起，变化万千。富于变化是艺术审美的基本要素之一，钧瓷也不例外。

6. 活

指钧瓷的釉面有动感，不死板。流足过的钧瓷釉面特别漂亮，就是因为釉面比较活。钧瓷只有釉面活才能表现出比较好的艺术效果。其口沿、凸棱、弦纹、乳钉之处釉面脱口、出筋，产生虚与实的对比和富于变化的美感，都与釉活有密不可分的关系。

7. 厚

厚有两种含义：一种是釉质厚实，乳浊度高，不露底；二是指釉层较厚，不浅薄。厚是钧釉的基本特征，釉厚更利于钧瓷窑变。钧瓷之所以大气、凝重、耐看，釉厚是相当重要的一个因素。

8. 润

指釉质有玉的温润感，光泽柔和，不同于一般瓷釉贼亮的浮光，而是一种乳光。这种乳光使钧釉的光泽如玛瑙一般，似玉非玉胜似玉，有一种温润优雅的美感。

9. 纯

指釉质纯净的窑变单色釉。比如天蓝、天青、月白、豆绿等，色纯而不杂。釉具有厚、润、活的特点。釉面往往有开片纹路，欣赏起来有纯净的美感。

（六）知名传承人简介

1. 许海君，男，1956 年生，河南省禹州市神垕镇人，中国传统工艺美术大师,河南省工艺美术大师,钧瓷烧制技艺项目许昌市非物质文化遗产代表性传承人。曾任禹州市钧瓷一厂设计室主任、禹州市钧瓷研究所创作室主任。现任河南省工艺美术研究所许海君大师创作室主任、许海君钧瓷艺术馆"许君窑"艺术总监。

2. 孔相卿,男,1963 年生,河南省禹州市神垕镇人,中国工艺美术大师,钧瓷烧制技艺项目国家级非物质文化遗产代表性传承人,禹州市钧瓷行业协会会长、第十四届全国人大代表、孔家钧窑有限公司艺术总监,钧窑茶器"中原壶"创始人,钧窑"铜系青蓝釉"创始人。

3. 任星航,男,1955 年 1 月生,河南省禹州市神垕镇人,中国工艺美术大师,钧瓷烧制技艺项目国家级非物质文化遗产代表性传承人,现为星航钧窑董事长。

三、 汝窑汝瓷

（一） 历史价值

汝窑,是宋代"汝、官、哥、钧、定"五大名窑之一,为北宋宫廷专用瓷,在中国古陶瓷史上曾有"汝窑为魁"之称,被历代皇帝视为吉祥之物,镇宫之宝。正是因为 900 多年前天空中雨后的一抹青色,古人用智慧的双手,为我们留下如今的无价之宝——汝窑瓷器。汝州的工匠以玛瑙末入釉,烧制出了"雨过天青云破处"的汝瓷釉色——天青色。之后,汝窑瓷器成为专供皇家使用的贡品。随着北宋"靖康之难"的发生,汝窑瓷器也随着山河破碎的宋朝而几近销声匿迹，流传于世的可谓凤毛麟角，尤其显得弥足珍贵。

据统计，汝窑的传世器物，全世界共有 72 件，加上未知的民间藏品，总计不足百件，这与汝窑烧造时间短、产品少而精有直接关系。传世器物主要有三足尊、奉华尊、鹅颈瓶、直口瓶、纸槌瓶、罗汉碗、莲花大碗、盘（敞口、直口、三足）、碟（花口）、洗、盏托（花口）、水仙盆等。当然汝窑器形远不止于此，近年在河南汝州张公巷和宝丰清凉寺就发现了十分丰富的汝窑器形，如莲瓣纹钵、海水纹钵、镂空盏托、凸雕莲瓣纹炉、画花海水纹缸、套盒、壶、鸟首形器等。

宋代是我国瓷器蓬勃发展的阶段。南北方各地区瓷窑林立，民窑迭出，汝窑成为"汝、官、哥、钧、定"五大名窑之首。北宋晚期，汝州窑业烧制青瓷的技术达到了高峰。青瓷釉色素雅润泽，造型端庄，工艺精细，为宋廷所看中，即命汝州造青瓷，随之汝窑名扬天下，提升了汝州地区的制瓷水平，促进了汝州地区窑业的发展。

（二）窑址

河南省宝丰县大营镇清凉寺村。

（三）工艺流程

1. 原料选取与制备

据宝丰县清凉寺和汝州市严和店遗址的过滤池和澄泥池挖掘现场推断,古汝瓷坯的原料多选用窑址附近可塑性好的黏土。原料运回后先晾晒,在原料场碾碎,然后倒入耙泥池(多为圆形)内,加上水,用人力或畜力拉耙搅拌,搅拌中让细泥浑水流入澄泥池。待泥料水分蒸发渗透到适合使用时,从澄泥池中挖出放入泥库,储存待用。

2. 釉料制备

汝瓷的釉用原料大部分为瘠性原料,硬度较大,常用石碾或石臼捣碎或碾碎,然后放入缸内搅拌,将漂浮起的细料撇入第二缸内,在第二缸内搅拌后撇入第三缸。如此反复即得细料。将各种细料分别存放,滤去水分晾干,撇去杂物,然后过滤备用。使用时按配比要求配料,加水搅拌,让有经验的汝窑工匠师傅靠手感来调节浓度。

3. 揉泥成型

揉泥有两种形式,一种类似揉面,泥形是旋涡状;另一种形似羊头,俗称"卷头羊"。手工成型前,需将泥库中陈腐好的原料取出放在泥场上，工匠们用手一层层推泥，将泥中空气排出，然后将推匀和好的泥料揉成椭圆形，放置在快轮边待用。汝瓷产品成型多用快轮（辘轳车），利用圆形石盘中间钻穴，下边用铁杆支撑，工匠在边沿用木棍搅动，利用惯性旋转，在泥盘中间放上陈腐好的制坯用泥，熟练的工匠即可在上面制作出碗、盘等圆形制品。由于快轮的转速较慢，转盘直径一般在40厘米以内，异形制品为熟练技工在慢轮上手工捏制而成，并且大都是单件。成型的另外一种工艺叫脱坯工艺，用制作的坯料制成模型，经素烧后按照模型以手工层层加泥贴制直至成型后脱模，再分块拼接成型。

4. 刻花印花

刻花是工匠在半干的坯体表面用竹、木、铁等制作的工具刻出纹样，再利用汝瓷青釉和釉质所产生的色彩深浅层次，表现纹样的装饰效果。刻花的刀法有两种：一种为使用较多的单入侧刀法，截面倾斜；另一种是使用较少的双刀正刀法，刀锋两侧垂直，刻花线条宽窄不一。另外也有刻花与画花相结合的装饰。印花是利用有条纹的印模，趁制好的瓷坯半干半湿之际，将其反扣在印模上，然后在坯品背面用手或泥拍打，将纹饰打印到坯上，后经修底、上釉，烧成后现出浅浮雕装饰效果。这种工艺大大提高了生产效率，民窑生产的汝瓷有很大一部分是印花产品。

5. 素烧施釉

为了提高坯品的吸水率，加厚釉层，古代汝瓷工匠施釉前将坯品放入窑内预烧一次，称为素烧。据考证其温度在800℃左右。在施釉之前，需要对釉料的浓度和细度进行测试。汝瓷工匠凭借多年的经验，用眼看、手搅、牙齿磕碰来判断汝瓷釉的浓度和细度,之后采用浸釉和浇釉的方法施釉。施釉后用竹刀和毛笔修整釉泪、釉疙瘩和棕眼、气孔等。

6.支钉制作

支钉支烧是汝窑特有的工艺。汝窑支钉,其痕迹为白色,和汝窑瓷器的胎骨香灰色不同。制作支钉的材质是含铝量高的纯高岭土,用这种具有较高耐火度和高温机械强度的原料制作的支钉,具有很强的负重能力。制作支钉时,先将原土制成泥料,再用手搓成乳状泥钉,尖端呈尖形或扁形,放入窑内焙烧。然后将支钉尖端朝上,墩在泥饼上,根据产品底座直径,按三个、五个、六个或九个一组呈圆形排列做成垫饼支架,将产品放在支架上,尖端顶在产品底部。这样既可以使产品施满釉,又可使器物充分吸收热能。

7.匣钵制作

古代匣钵制作用料较粗,耐火度高,用轮制或手工托制成型,经烧制后,质坚耐用,不易残破。据考古发现,其外形呈漏斗状,也有筒状,根据不同产品分不同大小。匣钵的主要用途是使汝瓷产品不同火焰直接接触,以防止火刺、碳粒附在产品表面,影响外观。匣钵可以重复使用。近年来,考古工作者不断对蟒川严和店、大峪东沟、宝丰清凉寺及汝州张公巷古窑遗址进行考察和发掘,大量的完整匣钵和残片说明,制匣钵有两种工艺:一是手工轱辘车制备;二是用模具脱坯成型。从众多匣钵的外观看,用模具脱坯成型为多。尤其是碗匣钵,基本是模具脱坯成型。从残存匣钵外观看,外围直壁上有三道箍,底部平边、斜壁、小平底,十分规范,大小一致,便于窑工装窑叠放立柱之用。

8. 装窑

古代窑炉多为马蹄形，烟囱在窑后。装窑时先将匣钵放好，支钉架放在匣钵内，产品摆放在支钉或垫饼上。一个匣钵放一件或多件产品，匣钵码成柱状，分层摆放。排与排、柱与柱之间应留有间隙，以便火流畅通。汝瓷烧窑，根据对古窑遗址的考察，窑内壁呈紫红色，并有泪痕，说明汝瓷系用还原火高温烧成，而成瓷温度当在 1150℃至 1250℃之间。从燃烧室下的渣坑遗物观察，燃料为煤和木材。

（四）造型功能

汝窑的瓷器造型多样，主要有出戟尊、玉壶春瓶、胆式瓶、洗、碗、盘等，从功能上分主要有礼器、文房器、饮食装饰器等。这些瓷器的尺寸大多不大，有"钧汝不过尺，钧汝无大器"之说。汝窑的造型设计以古朴典雅而闻名，多仿自古代青铜器式样及玉器造型，主要受到宋代"金石学"兴盛的影响。在汝窑的瓷器中，许多造型都源自古代青铜器和玉器的设计，这种设计理念也体现了宋代文化的一种特色。

（五）釉色意境

1. 釉色之美

汝瓷的釉系典型的窑变单色釉，汝瓷极力追求釉色的自然美。汝瓷的釉色以青为基调，表现为天青、天蓝、豆绿、月白，釉色虽为单色釉，但其光、色、透、洁的固有特性，令人遐思，釉光含蓄、宁静。另外，汝瓷有"似玉非玉胜似玉"之美誉，可以看出汝瓷对釉色的追求是对大自然的偏爱与崇尚。

2. 形体之美

汝瓷造型极具特色，宋代汝瓷一改唐代陶瓷之丰腴饱满、雍容华贵，变得简约、洗练、典雅，其简约、洗练的形体，高度阐释了汝瓷的极简艺术原则。汝瓷的形体之美强烈地凸显了宋代文化的特征——自然、理性与淡雅。

3. 片纹之美

开片，原为陶瓷烧造的缺陷，而汝瓷的开片则是化腐朽为神奇，堪称一绝。汝瓷的开片是器物在窑内经高温烧制并在自然冷却状态下产生的一种神奇的自然现象，人为难以控制。汝瓷的开片有直开片、斜开片，有的似蝉翼纹，有的似鱼鳞纹，有的如坚冰开裂。这种纯粹自然形成的难以控制的开片，给人们带来巨大的艺术想象空间。

4. 线性之美

汝瓷的造型有线性之美，它极少用纯粹的直线造型，其艺术造型的轮廓线均匀对称、委婉曲折、刚柔相间、变化丰富，十分讲究意趣。汝瓷艺术是中国陶瓷艺术的代表，是中国文化的一个亮丽符号。汝瓷通过釉色、形体、片纹、线性四个方面完美表达了其神采和意蕴，表现了中华传统文化的精神和审美意趣。

（六）知名传承人简介

1. 李可明，生于汝州汝瓷世家，非遗汝瓷烧制技艺项目市级代表性传承人、中国工艺美术产业创新发展联盟理事。其作品前后二十多次在各大奖项中获奖,《汝醉》被录入"十三五"规划教材案例。

2. 李廷怀,中国陶瓷设计艺术大师,首批汝窑非物质文化遗产(汝瓷烧造技艺)代表性传承人,高级工艺美术师。国家突出贡献专家,享受国务院政府特殊津贴专家。他的多件作品被法国卢浮宫、英国珍宝博物馆、中南海紫光阁,以及中国多家陶瓷博物馆收藏。

3. 杨云超,河南省汝州市宣和坊汝瓷厂厂长,工程师,从事陶瓷造型设计。现任河南省经济战略学会汝窑文化研究会会长,河南省汝州市陶瓷协会秘书长,河南省平顶山市外国语学院兼职教授,并获得"河南省陶瓷艺术大师"荣誉称号。

四、 官窑

（一）历史价值

官窑是中国古代皇室专设并严格控制的瓷窑体系,其历史价值主要体现在以下几个方面。

艺术价值:官窑瓷器代表了当时最高水平的制瓷工艺,作品设计精美,装饰考究,釉色独特,如宋代官窑瓷器以单色釉著称,开片纹理自然优美,形成了一种典雅、含蓄的艺术风格,展现了极高的艺术成就。

技术价值:官窑在各个时代推动了制瓷技术的进步,如改进原料配方、提高烧成温度、研发新型釉色等,对中国乃至全世界陶瓷工艺的发展产生了深远的影响。

文化价值:官窑瓷器作为皇家御用品,承载着丰富的历史文化信息,反映了不同历史时期的社会风貌、皇家审美和文化观念,是研究中国古代宫廷文化和物质文化的重要实物资料。

历史见证:官窑的存在和发展见证了中国陶瓷业的兴衰变迁,以及封建王朝制度下官营手工业的繁荣与衰落,对于揭示特定历史时期的经济结构、生产关系和技术变迁具有重要意义。

收藏价值:由于官窑瓷器稀有且品质卓越,历来受到收藏界的热烈追捧,每一件流传下来的官窑瓷器都是不可多得的文化遗产,具有极高的文物收藏和投资价值。官窑不仅是中国古代陶瓷艺术的瑰宝,更是中华文明和国家历史的重要见证,其历史价值无法估量,对后世的影响源远流长。

（二）窑址

河南开封(北宋官窑);杭州乌龟山(南宋官窑)。

（三）工艺流程

1. 选材与准备

原料采集：选用优质高岭土、石英、长石等矿产资源，进行精细筛选和分类。

原料处理：将采集来的原料经过碾碎、研磨、过筛等工序，去除杂质，制成细腻均匀的瓷土泥料，确保质地纯正，含水量适中。

2. 制胎

制泥：将泥料调配成可塑性良好的状态，便于后续成型。

拉坯/塑形：通过手工拉坯或者模压等方式，将瓷土制成所需要的器皿形状。

整形：包括利坯（削薄修整）、挖坯（内部掏空）、雕坯（雕刻装饰花纹）、毛坯（初步定型）、粘坯（修补接合）、修坯（精细打磨）等多道工序，最终使瓷器胎体达到理想厚度和造型。

3. 釉料制备与施釉

釉料配制：根据配方，将高岭土、石英、碳酸钠以及其他矿物质混合，制备成釉浆。

施釉：将调制好的釉料均匀涂抹在已干燥的胎体上，包括制本釉（基础釉层）和制灰釉（特殊釉色），以及施釉后的修釉、补釉和晒釉等步骤。

4. 烧制

素烧：初次在较低温度下预烧，目的是稳定胎体形态和排除多余水分。

釉烧:在高达上千摄氏度的高温条件下进行釉烧,促使釉料熔融,产生独特的冰裂纹路(开片)和釉色效果。

辅助工具:在烧制过程中,采用支钉、垫饼等器具防止器物在烧窑时相互粘连。

5. 后期整理

烧成后处理:检查瓷器成品的质量,如有瑕疵需进行必要的修复工作。

装烧工艺:南宋官窑采用匣钵装载瓷器进行烧制,保证瓷器在烧成时不直接接触火焰和烟尘,利于形成高品质瓷器。

（四）造型功能

南宋官窑瓷器的造型功能,不仅实用,更注重审美与礼仪需求。其产品种类涵盖了宫廷陈设用瓷、文房用具、日常生活器皿及装饰瓷等多个领域,如尊、壶、琮、炉、瓶、碗、碟、洗等各种器型。这些瓷器在设计上严谨肃穆,造型古朴大方,常借鉴周、汉古制,体现儒家思想影响下的庄重与秩序。南宋官窑瓷器在功能上兼具实用性与艺术观赏性,特别在宫廷使用场合,更是权力的象征与身份地位的标识。釉色之美、纹饰之妙以及开片工艺形成的天然图案,使南宋官窑瓷器超越了单纯的实用范畴,升华为艺术品,成为当时社会文化和审美趣味的典型代表。

（五）釉色意境

宋官窑瓷的典型特征是迷幻,釉色明炫。官窑瓷器的釉色不像汝窑那样具有恒定的标准和统一性,天青色在早期官窑瓷器中隐约可见，但后来官窑逐渐摆脱汝窑的影响，器型不断增加，釉色也变得更加"多姿多彩"，有粉青、灰青、米黄、翠绿、月白等，比汝窑更加活泼多样。

釉质感方面，有的完全失透，模仿金属质感；有的似透非透，如脂似玉；有的通透晶莹，像龙泉窑般肥厚。其实仔细观察所能见到的官窑实物，就会发现，它们的釉面无一例外都有开片。官窑瓷器的开片既不是烧制时出现的瑕疵，也不是时间造成的陈旧和裂痕，而是有意为之的工艺美感，并开创了后世以釉面开片作为瓷器装饰手段的先河。

官窑之前的瓷器开片现象，是胎和釉在烧制过程中，因为收缩、膨胀系数不一致而导致的釉面出现裂痕的现象。在开片作为装饰手段之前，它属于瓷器的瑕疵，是使用者或收藏者极力避免的现象，不会被当作美感欣赏。只不过烧制时出现的开片大多细微，如针如毫，肉眼凑近了才能发现，远看不明显。

官窑瓷器有意追求开片并引以为美，肇始于官窑初期对汝窑瓷器的模仿。汝窑的天青色被认为是完美的，但汝窑瓷器釉面的开片现象却比之前的青瓷更加明显和突出，"蟹爪纹""蝉翼纹""鱼子纹"等对汝窑开片的描述，只是古人的风雅作祟。对比之前的青瓷就会发现，汝窑的开片又大又明显，还遍及全身，大开片中夹杂小开片，不使用也无妨，使用过之后，使用痕迹浸入开片，通体显得破碎。

接受这种新釉色瓷器，是包容它的开片瑕疵，还是完全不接受，成为使用者必然面对的选择。现实是使用者接受了，但仍然追求不开片的完美天青色，明代《格古要论》中有"无纹者尤好"的说法。汝窑瓷的珍贵,让当世人容忍它开片的瑕疵,而后世则把优点和瑕疵一起接受,统统当作汝窑的美感给予认可。官窑瓷初期对汝窑瓷的继承和模仿,把开片这种形式也继承了下来,只是悄然发生了变化:不再执着地追求天青色,而是执着地追求开片。

在釉彩没有大放光彩之前,瓷器的装饰只在胎和釉两方面下功夫。在胎上,靠塑、雕、镂、刻、划、贴、印等手段制造纹饰;在釉上,想方设法改变釉料配方以让釉色变得新颖独特(汝窑、钧窑瓷器均如此)。汝窑瓷器的开片被认可,让官窑瓷器制作者看到了有意制造并合理控制釉面开片,把开片作为一种装饰效果的可能性。于是乎,聪明的窑工们开始在这条道路上不断探索、试验,终于使开片变成一种极致的美感,成为官窑瓷器与众不同的典型特征,并受到当世和后世的追捧和仿造。

官窑瓷器的开片到底标准如何,肉眼所及,开片千姿百态。有大开片,也有小开片,或大小开片相间,俗称文武片;纹片有疏有密,有深有浅,纵横交错;有冰裂片,像云母石类,冰裂一般层层而下;有得像鱼鳞,有得像渔网;开片呈倾斜而下状,看不到垂直裂纹;有的开片保持着出窑时的透明状态,未经使用或染色,有的则刻意染色让纹路更加清晰;纹路充满立体感和层次感,但又丝毫不破坏整体观感,让人啧啧称奇。

台北故宫博物院藏官窑开片瓷器,行内称为斜开片,其主要特征是形态会随着光线入射方向的改变而发生变化。变化原理在于斜开片把釉层一分为二,一半形成锐角,另一半形成钝角。如果转动瓷片,由于光线的入射方向发生改变,白边的宽度就逐渐变细,当入射光线的方向与斜开片的斜面方向一致时,白边消失,只看见一条很细的裂纹。离开锐角的尖端部分,由于釉层逐渐变厚,故色调呈现正常的青绿色。这种色调反差产生一种有立体感的视觉效果,时现时隐,变化无穷。如果釉层再加厚,层次增多,这种开片纹理更加丰富,变化更加神奇。台北故宫博物院藏品斜开片的形成是一系列工艺因素和外部条件综合影响的结果,需要通过相当难度的工艺来实现,哪怕至今这种工艺也未必得到全部的破解和传承。官窑瓷与汝窑瓷一样,追求璞玉感,不事雕琢,不求刻绘。然而,官窑瓷比起汝窑瓷,静谧的釉色中更加透着流动,釉色更加多姿,器形古朴典雅,而宛如天成、千变万化的开片,使官窑瓷锦上添花,浑然天成,神奇万千。

瓷器的开片,古来有之。宋之前,钙釉铅釉,均俱开片,浅且薄。自宋始,犹如"拂墙花影动,疑是玉人来",有影而无踪。宋代的乳白厚釉,南北争高,千古独唱,一时绝技,后世无传。北有汝、钧之蓝,南有官、龙之青,五代、宋早期为透明,至宋晚期而成乳白。偶有开片,深切诡奇,瑰亮如冰,厚重而明澈,似佛而无面壁之苦,近道而有炼丹之妙。

(六) 知名传承人简介

1. 金益荣,浙江省非物质文化遗产"南宋官窑瓷烧制技艺"代表性传承人,专注于南宋官窑瓷的研究和复烧工作。他出生于青瓷名城浙江龙泉,致力恢复南宋官窑瓷的传统工艺,并成立了杭州修内司官窑研究所,努力重现南宋官窑瓷的天青之色和细腻质地。

2. 阳士琦,故宫博物院指定的官窑粉彩瓷传承人,阳士琦是景德镇国朝古窑创办人,同时也是瓷器修复专家。他从事瓷器研究和工艺创作超过三十年,不仅成功复制了多种古代官窑瓷器,还在国家级的工艺美术大师精品展和评选大赛中多次获奖,对守护和发扬我国国瓷工艺起到了关键作用。

3. 熊建军,非物质文化遗产传承人,高级工艺美术师,被誉为"中国彩瓷第一人"和"中华珐琅彩第一人"。熊建军家族有为清代康、雍、乾三朝官窑烧瓷的历史,他继承了家族传统,创办的"熊窑"后来成为中国当代十大名窑之一,他在传承与发展官窑陶瓷艺术上贡献卓著。

4. 王振峰,河南省陶瓷艺术大师,汝瓷烧制技艺非物质文化遗产传承人,长期致力于汝官窑的研究和恢复工作。他作为王一沙汝官窑研究所所长,积极推动汝瓷文化的传承与创新,开发了一系列汝官窑系列产品。

5. 王东霞,北宋官窑非物质文化遗产代表性传承人,国家高级工艺美术师,她在复兴北宋官窑瓷器制作技艺方面取得了显著成绩,其作品曾在多个全国性和国际性展览中获得赞誉和奖项。

五、 巩县窑

（一） 历史价值

巩县窑是中国古代陶瓷制造史上极具历史价值的一个窑口,其地位举足轻重。巩县窑始于北朝,盛于隋唐,直至宋金时期,跨越了多个朝代,见证了中国陶瓷工艺从初创、发展到鼎盛的全过程。它不仅是我国白瓷和唐三彩的发源地之一,而且在生产工艺、釉色种类、装饰艺术等方面不断创新,尤其以唐代生产的白瓷与唐三彩闻名遐迩,其中不乏皇家御用级别的瓷器,显示了高超的工艺水准和高度的社会影响力。

巩县窑址的考古发掘成果证实了其在陶瓷技术革新中的重要作用,为后世研究古代陶瓷制造技术、社会经济状况以及文化交流提供了珍贵的实物资料。不仅如此,巩县窑瓷器的销售与流通,也反映了古代丝绸之路贸易的繁荣景象,以及南北地区之间的经济与文化互动。因此,巩县窑的历史价值不仅体现在艺术审美层面,更在于它对中国乃至世界陶瓷史的重大贡献,以及其在历史长河中作为中华优秀传统文化传承载体的意义。

（二）窑址

巩义市以东 6 千米左右的水地河、白河、铁匠炉、大黄冶和小黄冶 5 个自然村。

（三）工艺流程

巩县窑陶瓷制作流程有设计、造型、选矿、制模、磨料、制浆、练泥、揉泥、印坯、拉坯、修坯、素烧、上釉、釉烧等72道工序。其中土质和火候掌握是烧制巩义窑陶瓷的特殊技艺。其制品多以瓶、罐、动物俑、人物俑为主,其特点是白中点蓝、黄中点白、绿中点白,相互交融,造型丰满、素雅、庄重、大方。

（四）造型功能

从已发现的窑址可知,巩县窑始烧于隋代,烧青瓷;唐代有较大发展,以白瓷为主。李吉甫《元和郡县图志》有"开元中河南贡白瓷"的记载,西安唐大明宫遗址出土有巩义窑白瓷,证实此窑贡白瓷。器型有碗、盘、壶、瓶等,以盘、碗为最多。盘胎厚重,里施白釉,外施黑釉,唯口沿露胎,为巩县窑的特色。此外还烧三彩陶器,洛阳地区唐墓出土的三彩陶器及雕塑不少是该窑所产;遗址出土素烧坯很多,可知三彩陶器是两次烧成。

（五）釉色意境

巩县窑作为中国历史上重要窑口之一,其釉色艺术在不同历史时期呈现出不同的意境与美学特征。

隋唐时期,巩县窑以白瓷为主要产品,釉色纯正,质感细腻,白中略带微黄或乳白色调,这种素雅纯净的釉色营造出一种朴素无华而又不失高贵的气质,体现了唐代崇尚自然、简洁大气的时代风尚。部分巩县窑白瓷采用满釉挂烧工艺,使得釉面光滑平整,釉色匀净,展现了极高的工艺技术水平和审美追求。

唐代晚期至宋金时期,巩县窑的釉色工艺进一步发展,不仅在白瓷上有显著成就,还烧制出了青瓷、黑瓷以及五彩斑斓的唐三彩。其中青瓷釉色晶莹剔透,表面常见鱼鳞状细纹,釉色青翠,宛如湖水映晴空,富含禅意及文人墨客追求的自然和谐之美。唐三彩则采用了多彩釉料,以黄、绿、褐、白等颜色交错浸润,通过流淌与交融形成变幻莫测的画面,既体现了繁华盛世的多元色彩,又寄寓了生生不息的生命哲理。

总体来说,巩县窑的釉色意境包含了自然之美、人文之美和工艺之美,从单纯的釉色质感出发,延伸至更广阔的审美与文化空间,成为中国古代陶瓷艺术宝库中一颗璀璨的明珠。

（六）知名传承人简介

1. 徐天佑。徐天佑 1942 年 5 月出生,2017 年被确定为巩县窑陶瓷烧制技艺省级代表性传承人。徐天佑熟练掌握巩县窑陶瓷烧制技艺,并在传统技艺的基础上融入现代雕塑与绘画的理念,在人体比例和服饰上都进行了夸张和创新,注重人物神态的刻画,增强其艺术感染力。他所烧制的白瓷器物有碗、盘、壶、罐、枕等类,创烧的绞胎器非常精美,有一种绞胎枕,枕面上有三组绞出的圆形团花,成等边三角形排列,三组团花大体相同,构成一幅装饰性很强的图案,形成较高的艺术效果。他积极组织开展抢救性保护,深入调查访问有绝活的老制瓷工人,研制开发了很多精美产品,2014 年参加河南省文化和旅游厅组织的第二届民间艺术展评选,制作的巩县窑三彩作品《三彩马》荣获二等奖。2015 年 1

月 7 日参加上海新世纪城展出,所制作的佛像获得河南陶瓷精品艺术奖。同年 11 月在台湾的展出中,所制作的作品兰花瓶被台湾鸿禧美术馆收藏。

2. 游光明。游光明是一位致力于巩县窑陶瓷技艺传承与发展的代表性人物,他在巩县窑陶瓷烧制技艺领域有着重要贡献。2015 年,巩县窑陶瓷烧制技艺入选河南省非物质文化遗产代表性项目。游光明作为传承人,在 2019 年荣获了中国陶瓷历史名窑恢复与发展贡献奖。他专注于继承并再现祖先创造的精美瓷器,复制出多种典型的巩县窑器物,强调对传统的坚守与尊重。

3. 蒋道银。蒋道银是国家级非物质文化遗产代表性传承人,他曾参与修复苏州大学博物馆馆藏的唐代巩义窑腰鼓残品工作,这一举措有力地保护了珍贵的文物资源,并通过技艺传承推动了中华优秀传统文化的传播。

六、 登封窑

(一) 历史价值

登封窑自隋唐始烧,历经宋、金、元等多个朝代,其发展历程见证了中国古代陶瓷工艺从初创到成熟的演进过程,为后世留下了宝贵的技术与艺术遗产,对我国陶瓷工艺的发展和创新具有重要影响。而且,登封窑的产品曾为朝廷贡品,体现了其在当时社会和文化中的崇高地位,反映出各时期的社会经济状况、审美趋势和文化交流情况。其丰富的瓷器品种,如白瓷、黑瓷、钧瓷、汝瓷、三彩等，是研究我国古代社会历史文化的重要实物资料。此外，登封窑遗址遍布颍河两岸及其支流区域，数量众多且密集，显示了古时候登封地区陶瓷产业的发达程度和社会经济的繁荣景象，对于了解古代区域经济发展和产业布局具有重要参考价值。登封窑所在的地区发现了白陶到瓷器的过渡期遗存，为陶瓷材料学、工艺学提供直接证据，对于研究我国陶瓷从原始陶器到瓷器的转变具有重大历史价值。登封窑是中国古代陶瓷艺术与技术发展史上一座重要的里程碑，其历史价值涵盖技术进步、文化艺术、社会发展、经济演变等多个维度，是中华陶瓷文化宝库中不可或缺的一部分。

（二）窑址

河南省登封市。

（三）工艺流程

登封窑陶瓷烧制技艺的流程有原料选取、釉料加工、练泥、成型、化妆、装饰、施釉、装烧等。全程湿坯作业，一次烧成，窑炉以堰壁窑、馒头窑为主，原以柴烧为主，后柴煤兼烧。烧制工艺是用支柱、支钉、垫饼裸烧，后多采用匣钵装烧，一钵一器或一钵多器。登封窑品种较多，以白釉为主，其中珍珠地划花品种产量最大，是该窑的代表性作品。珍珠地的工艺流程如下：

先在晾干到一定程度的坯胎上施一层白色化妆土，然后用竹签或铁制的尖状工具，在胚胎上轻轻划出主体纹饰，划完后的留白部分，再用竹管或苇管等管状工具，戳上一个个珍珠一样的小圆圈。这个戳制工艺看似简单,其实技术性很强,坯体太干或太湿都不行,手太重或太轻也不行。它的排列也很讲究,密了易套,疏了易散,也不能横平竖直,而必须是三五成组,这样才能自然、均匀,浑然一体,才能突出装饰效果。最后入窑烧制,成色的深浅轻重,主要看人工着色的浓淡,这种工艺制作的瓷器釉色均匀、纹饰清晰、自然质朴,观赏性大大提高。

（四）　造型功能

登封窑作为中国历史悠久的古代瓷窑,其造型功能在历史发展中体现了深厚的文化底蕴和卓越的艺术成就。登封窑瓷器在造型设计上深受各时代审美风尚的影响,从实用的日用器皿到装饰的艺术摆件,均展现了精致细腻的工艺和独特的艺术构思。其产品涵盖碗、盘、壶、罐、瓶、枕等各种生活用具,以及梅瓶、长颈花口瓶等装饰性器皿,这些瓷器不仅满足了人们日常生活所需,还因其典雅的造型和精巧的装饰图案,体现了宋代瓷器端庄、协调、流畅、简约的美学特色,兼具实用与审美功能。

登封窑瓷器在北宋时期达到鼎盛,彼时瓷器造型更加丰富多样,符合当时社会对器物功能要与审美相结合的需求。其作品在保持实用性的同时,注重线条的流畅和比例的协调,体现了工匠们对人体工程学和艺术审美的深刻理解。此外,登封窑瓷器的装饰手法多样,如刻花、划花、印花等,这些装饰元素进一步提升了瓷器的艺术表现力,使其在功能性基础上增添了更高的观赏价值与收藏价值。

（五）釉色意境

登封窑瓷器有青、白、黑、黄、褐、花等多种釉色，采用划花、刻花、剔花、绘花、堆贴、雕塑、镶嵌等多种装饰手法，尤其是白釉剔、刻、划技法的综合运用高超、纯熟，可谓中原窑厂之典范。釉色、釉质与纹饰装饰的搭配方面，更显优雅脱俗，这也是登封窑一大特色。由于登封窑烧成温度偏高，所以产品釉色光泽亮丽，虽经历千年岁月的侵蚀仍"面不改色"，依然如新。

登封窑的釉色意境深远，展现了中国陶瓷艺术独特的美学韵味。登封窑瓷器的釉色种类丰富，既有朴素淡雅的白釉，又有明快鲜亮的黄釉，更有青釉、黑釉和钧瓷的多种釉色表现。白釉瓷器如玉般温润，其纯净的色泽暗含宋人崇尚自然、返璞归真的审美理念；黄釉瓷器则因施以含有铁元素的石灰釉，在高温氧化气氛中烧成，其亮丽而不刺眼的黄色，象征着富饶与吉祥。

登封窑尤为擅长利用珍珠地装饰技法，这种装饰在胎釉间构建起了一种视觉上的联系，好似自然界的珍珠散落在瓷器表面，形成了一种天人合一的审美意境。另外，白釉绿彩、白釉刻花和剔花等装饰工艺，使得登封窑瓷器在单一釉色的基础上增添了层次感和立体感，宛如自然山水与人文诗意的完美融合，呈现出一种植根于华夏大地的田园诗意和恬淡悠远的美学意境。

总之，登封窑的釉色意境融合了自然之美、工艺之美与人文之美，以其独特的装饰手法和釉色表现，诠释了中国传统文化中崇尚和谐、追求自然、寄情于物的深层内涵。

（六）　知名传承人简介

李景洲，国家级非物质文化遗产"登封窑陶瓷烧制技艺"项目的代表性传承人，致力于登封窑陶瓷的研究、保护和传承工作。他凭借对陶瓷艺术的执着追求和精湛技艺，成功恢复了登封窑经典之作"珍珠地划花"瓷器的烧制工艺。李景洲作为嵩山古陶瓷研究学会会长，他的研究工作极大地推动了登封窑陶瓷文化的传承与发展，并通过培养新一代的传承人，确保这项古老技艺得以延续。

七、　当阳峪窑

（一）　历史价值

中国的陶瓷最早可以追溯到黄帝时期，陶瓷鼻祖宁封子"陶正"就葬在云台山。云台山古时候又叫"宁北山"，地理条件优越，当阳峪窑就发源于此。根据多年研究发掘证实，在某种程度上工艺独特、神奇的当阳峪窑瓷影响了五大官窑瓷。2002年左右，国务院授权河南省文物局做了一次挖掘，出土了包括钧、汝、天目釉等在内的各种瓷器。很多窑口的瓷器都在这个地方被发现，因此当阳峪窑的历史文化价值巨大。

（二）　窑址

河南省修武县当阳村。

（三）工艺流程

当阳峪绞胎瓷是利用胎内的纹饰变化来装饰瓷器的艺术品种，与其他陶瓷品种相比，其质量特色为：纹饰由胎而生，表里如一，内外相通，一胎一面，不可复制。其制作原理是：利用不同色调的坯土料分别制成坯泥，并把不同色调的坯泥擀成板块，相互叠合，再进行绞揉、切片、拼接、贴合、挤压，制作成型，然后上釉烧制。绞胎瓷的纹路分自然纹与规整纹两类。

当阳峪绞胎瓷以太行山特有的矸石为制瓷原料，制作流程包括选土、炼泥、调色揉泥、制胎（拉坯、编花、贴片、镶嵌等）、修胎、阴干、打磨、施釉、焙烧（用柴或煤）等30多道工序。当阳峪绞胎瓷工艺复杂，每道工艺要求都很严格，尤其是在手工制胎的编花和高温烧造过程中，对不同泥料各项系数的把握都强调精准，因此成品率低，这也是其极具艺术价值和收藏价值的缘由之一。当阳峪绞胎瓷烧制技艺的特征着重表现在：胎变和窑变相结合的陶瓷产物；多色瓷泥相互糅合而成；瓷器的纹饰装饰内外通透且变化多样，如羽毛、菊花、自然纹等。当阳峪绞胎瓷因其瓷质韧性强、敲击声音清脆悦耳、绞胎制作技法独树一帜，在北宋年间就闻名遐迩，当阳峪也因此被誉为"绞胎瓷之乡"。

（四）造型功能

当阳峪窑烧制的日常生活用品有碗、盘、盏、盆、钵、壶、注子、盒、唾盂、熏炉、瓶、罐、枕、坛、缸、勺、灯、烛台、渣斗、纺轮、研磨器等。陈设品有花瓶、花盆、鼓凳、人物俑、动物俑等。文化娱乐及玩具类有笔筒、笔洗、砚、水盂、镇纸以及小动物、口哨、小塔、小壶、小瓶、铃铛、圆球、圆棒、象棋子、围棋子、色子、鱼缸、鸟食罐等。建筑构件有砖、瓦、板瓦、筒瓦、低温色釉力士、鸱吻以及脊饰上的摩羯纹、卷尾兽、妙音鸟等。

（五）　釉色意境

当阳峪窑的釉色艺术富有深厚的意境，其表现形式多样，每一种釉色都承载着独特的美学内涵和宋代瓷器的艺术追求。

1. 绞胎釉

当阳峪窑独树一帜的绞胎工艺创造出的纹理宛如羽毛、木纹或云石，天然而又充满变化，这种纹理之美蕴含着大自然的生动与和谐，展现了一种浑然天成的意象美。

2. 剔刻花瓷

包括白地剔花与黑釉剔花填白以及三彩剔划花等。黑与白、多彩与单色之间的强烈对比，展现出深沉与清雅并存的意境。剔刻的花纹线条流畅而有力，无论是花卉还是几何图形，都呈现出刚柔相济、虚实相生的韵味。

3. 酱釉与紫釉瓷

酱釉瓷器被誉为"铜色如朱白如玉"，釉色如古铜般醇厚沉稳，兼具历史感与神秘感，体现了宋代文人士大夫崇尚自然、内敛含蓄的审美情趣。

4. 绿釉瓷

当阳峪窑的绿釉瓷色泽来源于铜元素。在高温还原过程中形成的翠绿釉面，不仅技术精湛，而且色泽悦目，寓意生机盎然，富含生命力，给人以宁静与祥瑞的感觉。

5. 白地黑花瓷

黑白对比明显，简洁大气，既继承了磁州窑系的特点，又融入了自身的创新元素，展现了简约而不简单的美学理念，具有浓厚的民间生活气息和质朴的艺术魅力。

总的来说，当阳峪窑的釉色意境深受宋代美学思想的影响，注重内在的精神表达和自然界的和谐统一，无论是丰富多变的绞胎纹理，还是庄重雅致的各类釉色装饰，都体现出工匠们对于自然之美和工艺之美的极致追求。

（六）知名传承人简介

柴战柱，国家级非物质文化遗产代表性项目名录中"当阳峪绞胎瓷烧制技艺"的代表性传承人。他不仅是享有国务院政府特殊津贴的专家，还是一级技师（陶瓷烧成）、正高级工艺美术师。柴战柱投身绞胎瓷艺术数十载，致力于恢复和发扬这一古老的陶瓷技艺，不仅成功复烧绞胎瓷，而且在传统技艺的基础上不断创新，推动绞胎瓷艺术走向新的高度。

八、 鹤壁窑

（一）历史价值

鹤壁窑以生产白釉黑彩瓷器著称于世，黑白对比，强烈鲜明，图案十分醒目,刻、划、剔、填彩兼用,并且创造性地将中国绘画的技法,以图案的构成形式,巧妙而生动地绘制在瓷器上,具有引人入胜的艺术魅力。它开创了我国瓷器绘画装饰的新途径,同时也为宋以后景德镇青花及彩绘瓷器的大发展奠定了基础。

（二）窑址

河南省鹤壁市。

（三）工艺流程

鹤壁窑古瓷烧制从选择泥料开始,经过泥料浸泡、拍打、揉练等 6 道工序,之后再将泥坯拉制成型、修整以及上釉雕刻,其间需要运用釉装饰、彩装饰、胎装饰等 20 多种装饰技法。鹤壁窑烧制技艺经过长期的传承和发展,形成了完整的工艺流程。

（四）造型功能

宋金时期的白地黑花、褐黄釉刻花折沿盆最富代表性。白地黑花为白釉黑彩,褐黄釉刻花有莲花、鹅与兔吃草等纹饰,盆口径都在 40 厘米以上;白釉划花大碗与磁州窑风格相同,碗心也有 5 个长条状支烧痕。产品有碗、壶、盆、盘、瓶、罐、盒、钵、枕、缸等。唐代瓷器多平底,短流,宋、金时与磁州窑瓷风格相似。

（五）釉色意境

瓷器釉色以白釉为主,兼有黑釉、酱釉和黄釉,新增青釉、钧釉、绿釉和茶叶末釉。其间开始仿制定窑、汝窑和钧窑烧造瓷器,形成了刻、划、剔、印、绘、凸线纹、贴塑、镂空等系列装饰法，以白釉印花、白釉剔花和白地绘划花最为盛行。同时山石、花草、水浪、动物、禽鸟纷纷登上瓷器，瓷器装饰更为精美。

鹤壁窑民间陶瓷以其简洁的装饰风格、优雅的民族民间色彩、落落大方而实用大度的爽朗构图、潇洒而又美观的图案，显得装饰味道十足，黑白对比强烈，散发出浓郁的东方艺术风韵和华夏北方民族的民俗情调，闪烁着民间艺人的智慧火花。

（六）知名传承人简介

1. 张卫国，河南省鹤壁窑古瓷烧制技艺的省级非物质文化遗产代表性传承人。他致力于鹤壁窑古瓷技艺的挖掘、研究、保护与传承工作，通过自己的努力恢复并创新鹤壁窑瓷器的生产技术。张卫国的工作室展示了众多鹤壁窑瓷器作品，涵盖了多种类型和花色。

2. 张学昆，鹤壁传统化妆白瓷烧制技艺的市级非物质文化遗产第九代传承人。他大学毕业后，选择回到鹤壁创办鹤壁窑火实业有限公司，旨在更好地传承和发展鹤壁窑瓷器制作技艺。他的工作不仅限于传统工艺技法的传承，也注重结合现代审美与生活需求，使鹤壁窑瓷器更具时代性和艺术性。

第六章
河南的茶企

一、 王大昌茶庄

开封市王大昌茶庄是一家具有百年历史的河南老字号企业，被誉为开封市商业界的"活化石"。该茶庄创办于 1913 年，由河北冀县人王泽田创办，取王家世代昌荣之意，定名为"王大昌茶庄"。王大昌茶庄的传统经营以茉莉花茶为主，兼营全国各类茶种约 40 个品种，采用直接采购、自己设厂加工、前店后作、批零兼营的经营模式。由于价格公道、童叟无欺，赢得了良好的声誉和源源不断的客流，历沧桑而不衰，经百年而愈盛。

王大昌茶庄的茉莉花茶制作技艺，是历代制茶师傅智慧与心血的结晶。每道工艺中都有着传承百年的独门技艺，正是在花茶制作上始终坚持自采、自窨的原则，才使得王大昌窨制的花茶"鲜

百年老字号王大昌茶庄

灵馥郁、耐冲泡、回味无穷"，从而深受老百姓的喜爱和欢迎。
2016年王大昌茶庄制作的"清香雪"茉莉花茶、"梅香雪"茉莉红茶
在第十四届国际茶文化研讨会全国斗茶大赛中荣获金奖，王大昌
茶庄被授予"中华茶文化历史名店"荣誉称号。

（一）王大昌茶庄初期的创立发展

王大昌茶庄创始人王泽田是冀州徐家庄大豆村人，他年纪不
大就到北京某茶庄当学徒，后自行创业。1913年，王泽田感到在
北京打拼，与财大气粗的老字号竞争，自己远非对手，难成气候。
于是决定避开强手，离京寻地，独创局面。因为曾经到过河南经
商，了解开封的市情，遂认为此地可图，于是果断决定到开封发
展。说干就干，他马上派同乡、同行王钟岭到开封选店址。

王钟岭选择了鼓楼街路南的一座楼房（现店址已不存），当时是刚建成不久的商业建筑。楼房有门面房 3 间，共两层，楼房颜色以深绿色为基本色调，体现了茶叶特色。王泽田对此地非常满意，并确定店名为"王大昌"。随后请当时开封著名书法家——相国寺的了然和尚书写金字招牌"王大昌茶庄"，并于 1913 年农历七月二十六开业。

王大昌茶庄创建时有 3 位经理，分别是王泽田、王钟岭、王镜波。王泽田、王镜波负责去苏州、杭州、徽州、福州等地采购，并在福州设场熏制，王钟岭在开封主持店务。当时茶庄已有学徒 20 余人。经过两年发展，"王大昌"资本从白银三四千两增加至 1 万两。1916 年，茶庄最有力的竞争对手"义利成"茶庄经营失利，"王大昌"趁机夺得优势，跃居首位，在开封商业界开始崭露头角。

1918 年，"王大昌"在亳州开了分号。

1921 年，"王大昌"在开封鼓楼街开设王恒昌百货店，不久又在济南开设亚东百货店，经营颇佳。至此，王泽田拥有 5 处生意，后又在开封相国寺前街、后街，商丘、郑州、许昌等地开设分号。1935 年，在西安购置 2 处房产，开设 2 个分号。

1936 年是"王大昌"发展的顶峰之年。此时，他们拥有 8 家茶庄、2 家百货店、1 家煤油公司，同时福州还有小型制茶场，店员、学徒、工人总计近 200 人。在开封、西安两地共有资金 11 万元（人民币）。在济南、亳州、开封等地尚有房产数百间，还不包括开封总号和西安分号所用店房，总资产近百万元。

随后，"王大昌"分号遍布陇海路沿线，形成垄断之势。

日军入侵东北后，时局动荡不定，"王大昌"相继撤销了郑州、许昌、开封的 4 个分店,剩下王大昌开封总店、西安 2 个分店、亳州 1 个分店和福州的制茶厂。规模虽然大为缩小,但实力并未减弱。

1939 年,日寇占用"王大昌"总号店房。幸而西安分号业务尚好,西安分号在成都设厂制茶,仍能营利。所以,开封总号虽处境艰难,营业萧条,但还能度日。

1948 年开封解放后,在中国共产党民族工商业政策的指引下,王大昌茶庄迅速恢复营业。新中国成立初期,王大昌茶庄继续自行采购,在苏州加工花茶,1953 年后转向河南省茶叶公司进货,逐步纳入国营经济管理。"三反""五反"运动后,为积极恢复经营,全体店员主动分批带商品下各县、镇销售。1952 年 7 月 25 日,《河南日报》以"王大昌茶庄店员工人主动积极经营,执行劳资协议完成营业计划,店员学习情绪、政治要求空前高涨"为主要内容,对当时王大昌茶庄的店况做了报道。

1956 年王大昌茶庄在总经理寇华亭的带领下,在开封市商业界第一个接受社会主义改造,实行了公私合营,一时传为佳话。

而王大昌茶庄的声誉,也深深地印在广大消费者心中。公私合营后仍有不少外地顾客陆续来函,要求代邮茶叶。凡到开封走访亲友者,也会专诚到王大昌茶庄购买带有"王大昌茶庄"字号的茶叶,可见其影响之深。1985 年,王大昌茶庄全年销售额达 17.3 万元,创造了历史最高纪录。1986 年 1 月 18 日,《中国商业报》以"一代名店王大昌"为题介绍了王大昌茶庄的历史和现状。

(二) 王大昌茶庄的成功之道

1913 年王大昌开业前,开封已有"义利成""德元昌""公利益"

王大昌茶庄

"闻妙香"等多家茶庄。这些老茶庄创办早、名声大,且均具经营手段。王大昌茶庄想要在开封站稳脚跟,势必与同行展开激烈竞争。涉足茶业已久的王泽田自然深明此道,于是从几个方面采取措施,一场彰显经营之道的茶业竞争大幕由此拉开。

第一,自采自制,降低成本。"王大昌"在每年新茶上市之际,就派出采购人员,到全国各茶叶产地采购茶坯,然后运往自己的茶厂窨制。每年清明节前后新茶上市之际,王泽田亲赴徽州、黄山、屯溪、六安、杭州等名茶产区采购新茶,运往福州加工窨制花茶。每年会派二至三名经理前往福州,做技术指导和管理工作。在福州当地聘用专业的制茶工人,进行制茶技术的研究、改进和提高。王大昌茶庄不仅对茶叶质量精益求精,而且注重成本核算,以求得产品以较低的成本获得较高的质量。

王大昌的茶叶通过自采自制的方式，减少了中间商的转手盘剥，成本自然低廉得多，在市场上的竞争力大大增强。

第二，茶叶品种齐全，销量大。"王大昌"始终保持产品花色品种齐全，如当时销售量较大的花茶，就有"香片""花大方"等20多个品种；绿茶有40至50个品种；对高档稀有的品种他们也不忽视，总是备有现货。当时，"王大昌"业务范围涉及豫东、豫北、山东、河北及西安、兰州等地，日销售额达三百余（银）元。

第三，确保茶叶质量，信誉好。王大昌茶庄"前店后作"，"后作"俗称"货房"，负责茶叶的"再加工"和茶叶储存保管。王大昌茶庄将福州茶厂运来的茶叶作为原料，按照成本、利润、质量和销售价格，拼配成不同档次的成品茶之后，再投放前店销售。其中，部分绿茶要经过筛、簸、拣、烘等多道工序，才能拼配一个品种。而拼配好的品种也必须先将小样送交经理品评、审核确定后才能正式生产。

货房拼配茶叶是一项技术性较强的工作，虽然全国同行均有共同做法，但由于技术不同、条件不同，拼配的成品茶还是有外形和内质的差异。因而，"货房"是个关键部门，对外都是保密的。王大昌茶庄对成品茶的拼配要求是：不仅要达到色、香、味、形俱佳，而且要高于他人一等。

王大昌茶庄尤其注重茶叶品类的丰富，仅花茶类的"花香片""花大方"就有20多个品种，"杭州龙井""黄山毛峰""洞庭碧螺春""祁门红茶"等更是可达四五十个品种，并备有大小规格的彩色印铁茶桶，均印有店名字号，以供馈赠亲友者选购。包装用纸也很讲究，当时是现卖现称，茶叶包装多用双层纸，高档茶则用三层包装,以保持茶叶香气。外层包装均印有"王大昌茶庄"醒目字号及茶叶商品宣传文字,且均以木板自行打印,以此开创自己的品牌。

第四,茶庄良好的服务深受顾客称赞。"王大昌"要求茶庄每个员工,对顾客必须主动打招呼,做到笑脸相迎,有问必答,来有迎言,去有送语,决不允许和顾客争吵。对营业人员要求称秤快、稳,算账快、准。先售货后收钱,对顾客恭而敬之,以"和气生财"。

茶叶包装很讲究。所出售的茶叶,从1两到半斤用双层纸,半斤以上用3层纸。包扎要求有棱有角、方方正正、不撒不漏、结实牢固等。

注意广告宣传。在繁华闹市区、铁路沿线、关口要道等处,张贴商品广告。还不惜成本,把"王大昌"茶庄的字号、地址印在每张茶叶的包装纸上。

此外,"王大昌"茶庄在长期经营中,还有一个"经理坐柜"制度,即茶庄经理在柜台外设上桌椅,每天都要抽出一定时间"坐柜",一方面观察业务行情的变化,从中了解顾客的意向和市场动态,及时解决顾客的问题,另一方面又对员工起监督指导作用。

第五,茶庄管理严谨,团队精干。"王大昌"的员工都要经过3年严格的训练后,才能进入柜台工作。员工都是勤勤恳恳、兢兢业业的。他们经常整顿店风,规定员工不准赌博、去妓院、不务正业等。他们对上层店员和伙友,采用"吃干股"分红的办法,充分调动其积极性。

(三) 新时期王大昌茶庄的创新发展

2007年,王大昌茶庄被河南省委宣传部、省文联、省民间文化遗产抢救工程专家委员会授予"河南老字号"称号。2010年,被河南省商务厅授予"河南省老字号"称号。2012年12月,王大昌茶庄营业用房被开封市人民政府认定为"不可移动文物"。2016年,在第十四届国际茶文化研讨会上王大昌茶庄获得"中华茶文化历史名店"荣誉称号。2017年,王大昌茉莉花茶制作技艺被开封市人民政府列入开封市非物质文化遗产名录。2021年,王大昌茉莉花茶制作技艺被河南省人民政府列入河南省非物质文化遗产名录;同年,王大昌茶庄"清香雪"系列茉莉花茶获得中国茶叶博物馆"2021年度展示茶样"荣誉。

近年来,开封市各级领导、市区两级政府、市供销合作社高度重视并大力支持老字号企业发展。为保护老字号企业,挖掘老字号文化价值,做大做强王大昌茶庄,传承中华传统茶文化,新组建的王大昌经营团队在继续传承茶庄传统经营理念的同时,拓展思路,不断创新,以弘扬中华茶文化为己任,努力传承百年茶道精髓,积极打造宋都文化茗园。王大昌茶庄还成功策划了多项茶文化活动,举办了多期王大昌茶友会,并在社会各界公开征集楹联,先后举办了王大昌"清香雪杯"全国书法大赛、王大昌书法笔会等,开封市书画家徐玉庆、刘梦璋、张本逊、薛文法等到店挥笔吟诗作画,展现了书画文化和茶文化的传统魅力与鲜活生命力,迈出了王大昌茶庄开启"文化+"战略的坚实脚步。

在新时代,王大昌茶庄将植根百年品牌,盘活现有资源,拓展经营渠道,逐步发展成以茶为主导,集产供销、休闲旅游、文化娱乐为一体的茶文化品牌。企业致力于把茶庄建成集品茗、购物、怀古、雅集、休憩、游乐等功能于一体的茶文化园。王大昌茶文化园的建设,将成为开封市新的文化地标、文化旅游的新亮点、传承优秀传统文化的窗口和平台、鼓楼特色商业街区亮丽的文化名片。

二、 文新茶叶

信阳市文新茶叶有限责任公司成立于 1992 年,是一家集茶叶种植、加工、销售、科研、文化于一体的农业产业化国家级重点龙头企业。

公司坐落于素有"北国江南、江南北国"之称的魅力茶乡信阳,兴建了文新茶文化示范园区和文新科技示范园区,主导产品为信阳毛尖、信阳红茶。企业先后通过省级企业技术中心、国家级工程实验室的认定,是河南省首批试点的产业集群示范之一。

中国绿茶看信阳,信阳毛尖看文新,文新公司本着"做茶专业,做业专注"的理念,以"复兴名茶,回报社会"为企业发展动力,引领信阳毛尖市场发展。

通过 30 多年的努力,文新品牌知名度和市场占有率实现了跨越式发展,先后通过了绿色食品认证、有机茶认证、ISO 9001 国际质量管理体系认证和 HACCP(危害分析和关键控制点)认证,文新品牌也先后荣获"河南名牌""中国名牌农产品"等称号。2013 年,文新茶叶受到河南省人民政府的隆重表彰,获得"河南省省长质量奖",成为省内唯一获此殊荣的茶叶企业。

（一）刘文新与文新茶叶有限责任公司

刘文新

1989年，十七岁的刘文新因为家庭贫穷而被迫退学。他回到家，看到父母每天都在为一家九口人的生计奔波，却连最基本的温饱都保证不了。听着父亲的叹息，看着母亲的眼泪，刘文新觉得自己必须撑起这个家，于是他决定出去闯荡一番。

离家前，母亲把家里仅有的300元钱交给了刘文新。刘文新的心在滴血，他很清楚那300元钱代表着什么。思来想去，他还是决定以卖鸡蛋这种原始方式开始谋生之道。

刘文新最初背着一个鸡蛋筐子，穿梭于信阳城的各条街道，沿路兜售，当天的鸡蛋卖完了，他便在火车站的候车室或人家的房檐下睡一觉，第二天再接着卖。一个鸡蛋虽然赚不了多少钱，但好歹是个起点。从初出茅庐到业务娴熟，从最初面红耳赤，不敢大声叫卖，到和人讨价还价，刘文新慢慢成长着。只是每当他路过校门的时候,听到那琅琅的读书声,他的心就会微微一痛。

信阳被称为"茶乡",刘文新通过和几个小贩打交道,发现茶叶的利润比鸡蛋要高得多,于是他改变了主意,决定在镇上摆摊卖茶叶。虽然在人群中,刘文新跟其他的摊贩比起来,就像一个瘦弱的孩子,永远都是最不起眼的那个,但他那朴实而坚毅的眼神,却总能让人感动。刘文新很满意,他卖一斤茶叶就能赚到之前一筐鸡蛋的利润,这也给了他足够的信心。终于赚到钱了!这种感觉实在太美妙了。这一年的除夕,刘文新骑着自行车回到家乡,亲手将这些钱交给了父母。

1992年,在首届"中国信阳茶会"开幕之际,信阳市建成了"欢乐茶市",一个店面一个月500元的租金,这个价格吓退了很多有经验的茶叶商人。但是刘文新竟在此处租了一间店铺,并竖起了"文新茶庄"的牌子。那时候,刘文新还不到二十岁,成了茶市中最年轻的茶商。

从游商到坐商是一种质变。为了保证茶叶的品质与声誉,在谷雨前的采摘时节,刘文新几乎都是凌晨两三点就风驰电掣地赶往60多公里外的大山茶区,在茶叶批发市场,精心挑选茶叶,偶尔还要翻山越岭,去茶园、茶农家里买茶。肚子饿了就吃个干巴巴的馒头,渴了就喝上两口山里的泉水。他很快便炼就了一双识茶、品茶的火眼金睛。因为他服务周到,所卖的毛尖价钱合理,分量适中,而且都是正宗的山头毛尖,汤色碧绿,口感香醇,所以他的生意越做越好。从那以后,他就有了人生中的第一笔财富,也从那以后,他和信阳毛尖结下了深厚的情谊。

刘文新从一年一度的"中国信阳茶会"上,看出信阳茶业发展的广阔前景,以及茶业的无限商机。经过多年孜孜不倦的奋斗,刘文新于1995年创立了文新茶业有限公司。他对自己的公司只有一个要求:一心一意干下去,一定要做到最好!

他首先在工商行政管理部门注册"文新牌"信阳毛尖。在信阳市十几万茶农中,他是第一个以自己的名字为自己的茶叶品牌和公司起名的。他用20年的时间,将"文新牌"信阳毛尖发展到了23个系列,100多个品种,取得了丰硕的成果。"文新牌"信阳毛尖自1997年在中国国际茶博会上荣获金牌以来,已先后被列为河南省重点保护产品、中国A级绿色食品、河南省知名品牌、河南省免检产品、中国名牌农产品,获得"恒天杯"国家绿色名茶金奖,并通过中国农科院的有机茶认证、ISO 9001国际质量体系认证、QS认证,同时获评中国驰名商标。

(二) 全力打造"文新牌"信阳毛尖

刘文新把所有的精力都用在了"文新牌"信阳毛尖上,他清楚如果想要取得更大的成绩,就必须通过一次根本性的变革,来改变现有的茶叶市场格局。因此,刘文新在信阳优质毛尖的主产区河港乡投入3000万元,并与25 000余户茶农签署茶叶产业化合作协议,引进名优品种50万株,推广有机茶、无公害茶等先进技术,并在河港乡的白龙潭、黑龙潭、马家畈、郝家冲等4个村庄,对当地农民进行有机茶的科学种植技术培训,免费发放科技书籍和资料,免费带领当地农民种植、施肥、控制病虫害等,建成了5万余亩的信阳毛尖生态茶基地。在此基础上全力构建"公司+农户+基地"产业模式,公司由户到组,由组到村,由村到乡,直到乡外,与茶农实行统一规划、统一供种、统一指导、统一收购服务,建立与茶农利益联结的机制,不仅为茶农致富奔小康提供强大助推力,也为打造文新茶叶品牌提供了基础和保证。

2006 年在中国工程院院士陈宗懋及中国绿茶专家沈培和教授的带领下,刘文新投资 1600 万元,兴建了一座茶场。在生产过程中,严格遵循分级、摊放、杀青、揉捻、理条、提香等一系列制作流程,既保持传统工艺的特点,又保持外形的美感,让冲泡出来的汤汁更亮、颜色更绿、味更浓、香更高,彻底改变了传统的家家制茶的方式。他还在该基地建设了两个容量为 20 吨的贮藏仓库,对茶叶进行全方位的贮藏。至此"文心牌"信阳毛尖茶从种植、生产、加工到销售,逐步形成了品牌化、标准化、绿色环保的经营模式,走上了工业化道路,实现了新跨越。

(三) 文新茶业的创新发展

文新公司十分重视茶叶的质量,从苗木的选育,到无公害无污染的栽培技术、保险工艺、规范生产、加工流程,制定了毛尖工艺标准体系 334 项,被省质监部门授予"AAAA"级标准化良好企业,文新茶叶已通过有机茶叶、HACCP、绿色食品、ISO 9001 国际质量体系认证,2006 年荣获"中国名牌农产品"称号,2007 年荣获世界绿茶大会金奖,"文新"品牌于 2010 年荣获"中国驰名商标"。

文新公司在位于信阳北部的茶叶主产区,建成 2000 多亩茶园,形成了"生态有机茶园""标准化示范茶园""茶文化旅游园"等,保证了文新茶原料的纯天然性。在文新茶的生产中,公司不仅注重保留自然的茶香,还将传统和创新相结合,引进了信阳毛

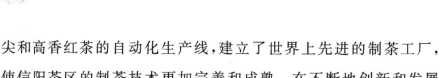

尖和高香红茶的自动化生产线，建立了世界上先进的制茶工厂，使信阳茶区的制茶技术更加完善和成熟。在不断地创新和发展中，文新公司把信阳名茶制作推到了一个新的高度，并带动了整个中原茶业的发展。

此外，文新还成立了"文新茶研究院""高香红茶工程实验室""河南省院士工作站"，并与多所涉茶高校、科研院所签署了"产学研"战略合作协议，使文新茶的质量有了可靠的保证，也获得了强有力的技术支持。

要使茶叶品质得到保障，就必须制定一系列的管理制度。一方面，要给农民以技术和资金上的支持，指导农民种植优质的茶叶；另一方面，要严格按照五个统一的标准，即统一"种植、修剪、采摘、加工、销售"，对合作社的茶叶生产进行规范。每一批产品都要进行检测，并且都有质检部门出具的检测报告，确保消费者能够喝到安全绿色的放心好茶。

从 2004 年开始，文新公司在茶区数十个村庄开展了"四联"活动，目前已成立 48 个合作组织，参与茶叶种植农户达 17 000 户。"四联"工作机制使文新公司"企业＋基地＋农户＋专业合作社"的经营模式得到了有效的发展和很好的运行。

多年来，刘文新领导的文新公司，始终把"复兴名茶"作为自己的宗旨，以扎实的基本功，以过硬的品质作为自己的后盾，树立品牌，扩大市场，以信阳为中心，走向全国，走向世界。

文新茶叶也非常注重文化内涵的建设。刘文新常说，自己不仅仅是在做生意，更多的是在做文化。希望为喜欢茶文化的人营造一种场所，让茶客感受到茶文化的无穷魅力。

文新标准化示范茶园

　　随着公司的发展,文新公司已经在自己的内部构建了一个健全的企业文化体系,并构建了一个"一份报纸、一份杂志、一个网络"的文化宣传和展示平台。每年信阳毛尖新茶上市的时候,文新公司都会举行"文新春茶会",以此来宣传信阳茶文化。

　　刘文新认为,一个人有一个人的性格,一个企业也该有企业自己的性格特质。2005 年,他为文新茶叶的品牌文化赋予了新的内涵——"心容天下"。"心容天下"是他对自己企业的期待和要求,他从格局、气度、智慧、自己、人文五个方面对"心容天下"进行了解释:"心怀天下,创造卓越的大格局;从容淡定,宽宏隐忍的大气度;道法自然,与天共生的大智慧;凝聚灵气,天生天养的大自己;和谐社会,共荣共鸣的大人文。""心容天下"不仅向人们展示了中原茶文化的无限魅力,更借助文化的翅膀,让文新茶从此香飘四方。

"有这么良好的环境，我这个企业发展壮大了，我个人得到成长了，我知道我应该做一个有社会担当精神的企业家。"刘文新把复兴名茶、推广茶文化看作自己与公司的使命。他说，茶如生命，茶给了他事业，改变了他的命运。从某种层面上说，他也是从茶中品味人生，因为对茶及茶文化的热爱，使得他自觉有责任推广茶文化；另外，他认为自己的成功离不开政策的支持，得益于社会，所以回报社会成了他的目标。文新茶业并没有按照市面上的标准，将信阳毛尖进行分类，而是按照茶叶的质量，将茶叶分为品道、修道、悟道、观道四个层次。一个"道"字，就像是一幅画，让文新茶有了一种独特的文化气息。

2006年，文新公司在信阳最大的茶叶产地浉河港口设立了"文新茶园"，将茶叶加工、茶文化旅游、餐饮住宿等功能融合在一起，带动了当地的茶叶经济，同时还带动了附近10万名茶农的收入。2009年，公司在羊山新区建立了文新茶业科技园区，致力于创建中国茶业现代化示范企业，走出一条新型的农业产业化之路，带动乡村经济的发展，实现"以农为工""以小博大"的目标。2011年，"文新信阳红"在杭州的国际茶博会上被评为"中国创新精品"，将"小茶树"推向了世界的巅峰。2012年，由文新公司出品的中国第一个具有国风韵味的茶艺影视作品——茶曲《心容天下》问世，将"小茶"和"大茶"完美地融合在一起，将"小茶"变成"大故事"。

刘文新认为，茶业既是一种绿色的、生态的产业，又是一种能致富的产业。如果要做大这个产业，就一定要走产业化的道路。只有形成规模，做大做强，才可以形成合力，才可以将好的产品投放市场,打响自己的品牌,让更多的茶农在这条产业链上获得收入和致富。

目前,文新公司在全国各地开设"文新"品牌店铺500余家,茶叶加工区、科技区辐射信阳2万多亩茶园,带动了超过10万名茶农增收致富,并带动了酒店、物流等行业的发展。

经过30多年的积累,文新公司在艰难困苦中迅速成长,实现了从零到有、从弱小到强大。"以品牌为发展之路,以品质为生命之基,以服务为制胜之道,以创新为动力之源",以"心容天下"为品牌核心价值,以热情和信心,高举文新发展的旗帜;以"绿色""工业化""产业化""标准化"为标签的文新,以其鲜明的形象,以其强大的实力,引领着中国茶叶产业的发展。

三、 国香茶城

位于郑州金岱产业集聚区的国香茶城商业文化中心,是2013年由河南国香茶城管理有限公司投资5亿元打造的以茶文化为主题的综合体。占地约4万平方米,建筑面积达10万平方米,可容纳500多家商户,预计年销售量达10万吨,年销售收入近5亿元。

作为商业文化综合体,国香茶城不仅有普通市场的商贸展销功能,又有特色街区的互动体验功能,更集合了中原茶文化交流中心、茶叶会展中心、茶叶仓储物流中心、茶文化旅游休闲中心、茶文化创业园、茶叶电商产业园、茶文化主题公园、中原茶文化博物馆、中原茶艺教学培训基地、中原普洱茶仓等十大产业功能区域。

国香茶城

结合市场发展动向和消费者需求，国香茶城不断创新，打造出一系列丰富多彩的茶文化活动和文化品牌：河南省紫砂艺术节、普洱茶河南品鉴展示会、河南省白茶会、河南省秋季铁观音茶王赛、中原禅茶文化研讨会、中日茶文化交流会、中原茶文化夜市、2009郑州城市休闲游暨国际旅游小姐走进国香茶城……极具特色的茶事活动，使其成为全国各地茶事活动的标杆和方向，引得业内纷纷效仿。

国香茶城已连续举办九届"河南省秋季铁观音茶王赛"，为中原茶友全面展示了铁观音的制作流程和审评标准，让铁观音在河南市场走俏。而持续举办七届的河南省紫砂艺术节，更是一个十分有名的文化品牌，受到全国茶界、紫砂界、收藏界的关注；通过宜兴与郑州两地的文化交流，促进了河南紫砂市场的逐步成熟，也推动了河南茶叶市场的迅速发展。已举办五届的"普洱茶河南

2019 中原茶文化节

品鉴展示会"，是一场专业度很高的普洱专题茶事活动，推动了中原普洱茶产业的发展。2015年创新推出的"河南白茶会""柑普茶推广周"，在河南市场掀起了白茶、柑普茶的热潮，使它们的市场份额大大提升。

（一）国香茶城前身即郑州茶叶批发市场

现在的国香茶城商业文化中心，也是经历了几次重大的变迁而形成的。国香茶城前身即郑州茶叶批发市场，于2003年10月18日正式开业，从此结束了郑州没有茶叶专业市场的历史，中原人喝的茶开始从单位福利茶向自主消费购买转变，茶类的品种从不多的茉莉花茶、信阳毛尖也逐渐丰富起来，铁观音、普洱、红茶等来自全国各地的茶品种陆续进入中原市场。

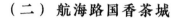

（二）航海路国香茶城

在郑州茶叶批发市场运营的第 5 年,河南省茶叶商会会长、国香茶城总经理姬霞敏提出,随着郑州的现代化进程,茶叶作为高档消费品,必须走高端路线。于是姬霞敏决定重新建立一个新市场,定位高端消费市场。2008 年 5 月,郑州茶叶批发市场的升级版——航海路国香茶城开业。

这个建筑面积近 10 万平方米,集茶商贸、茶体验、茶文化旅游等于一体的特色街区,开启了中原茶市场发展的新纪元。

在航海路国香茶城,消费者们不仅可以买到来自全国各地的六大茶类及茶具、茶桌椅、茶席、茶包装、茶点,还能欣赏茶艺表演,参加茶文化活动。国香茶城先后被评为国家 AAA 级旅游景区、中国特色商业街等,规模、专业度在全国茶市场中名列前茅。差不多 10 年间,市场内成长起一批品质稳定、客群稳定的茶叶品牌商户,这个群体,也成为国香茶城的品牌核心力量。

（三）国香茶城的第三次搬迁

2011 年郑州已有 8 家茶叶市场,到了 2014 年,陡然增至 30 多家茶叶市场。媒体甚至用"茶叶市场危机"来形容当时竞争激烈的茶叶市场大战。在这样的竞争中,国香茶城的 10 年租期合约也即将到期。于是姬霞敏和她的运营团队不得不离开已经培育 10 年的国香茶城旧址,在南三环以南的金岱工业园买下一块地,开始筹建新市场。

2017 年 10 月,国香茶城整体搬迁至位于文德路 32 号的新址。由此,郑州有了第一家独立产权的茶叶市场,国香茶城也实现了从租赁大棚式市场到商业街区商铺式市场再到独立产权市场的三级迭代。

国香茶城被国内一线市场资深人士称为"全国茶行业的一个标杆,代表着茶市场发展的方向",给予极高的赞誉。而后,国香茶城先后被授予"一带一路茶文化活动中心""中国茶市示范市场""中华茶文化传播中心"等称号。

如今,经历了 20 多年的风雨变迁,从三五平方的小店,到三五百平方的自有产权,国香茶城商业文化中心作为商业文化综合体,以令人惊艳的姿态屹立在郑州的东南方,建成后的新国香茶城是一个产权清晰、规划合理、配套齐全的茶文化商业综合体,单体规模在国内名列前茅。未来,它将继续担当展示中原茶文化的窗口、名片,成为河南文化旅游休闲产业的重要地标之一,成为集茶叶展示和茶叶期货功能为一体的交易中心和能够影响全国茶叶行情的价格中心,助推中原茶产业发展和特色商业街建设。

"国香茶城,一座中原茶文化城,以茶连贯中华文化,以茶贯穿世界文化。国香茶城,一座世界茶文化城。"茶界大咖、台湾师范大学体育系教授、《普洱茶》作者邓时海先生的点评,正被"国香"一步一步变为现实。

四、 凤凰茶城

2014 年,凤凰茶城开门营业,让人眼前一亮。新开业的凤凰茶城不仅有茶叶及茶类衍生品,而且聚合了餐饮、健身、精品酒店、休闲旅游、办公培训、商务交流、茶文化推广、邻里中心等业态和功能，是一家以茶文化为主题的综合商业广场。

凤凰茶城董事长王鹏表示，第三代茶城把传播茶文化作为核心价值，不仅在商务服务、文化品位等方面进行升级，更重要的是把建设多种城市功能和产业功能商业区作为未来的发展方向。

河南省茶文化博物馆

如今，凤凰茶城经得住市场检验，赢得了消费者的信任，已经成为河南茶行业的领军者，成为全国极具影响力的一站式茶文化购物广场。

凤凰茶城位于郑州市未来路与陇海路交会处，是以郑州商代文化、传说故事、人文历史及现代商业多元化特色餐饮为一体的休闲旅游步行街，街区中挺立着"茶圣"陆羽、"茶仙"卢仝的雕像，还特设了以弘扬文化为主题的星光大道。休闲旅游步行街的北侧是一站式茶类购物广场凤凰茶城，总建筑面积约15万平方米，

茶文化步行街

分为东西两厅,内部容纳全国知名茶产业品牌500余家,由经验丰富的河南大陆商业运营管理有限公司负责运营和管理,茶城整体定位为集茶品牌展示,茶叶、茶器具、茶家具交易,古玩、字画、茶文化推广,物流配送于一体的大型综合性的茶文化广场,这里硬件服务设施配备完善,旁边有斥资3000万元打造的茶主题精品酒店,为商家业务往来提供便利的住宿条件,为顾客提供地上地下免费停车场超过3000个。

茶城作为茶文化腹地,是最能体现地区茶行业繁荣的风向标,产业集聚效应凸显,为茶叶流通提供了渠道便利,推动了茶产业规模的扩大,刺激了消费市场的扩容。

凤凰茶城从开业伊始,就着力挖掘凤凰台的历史,将茶城的发展和凤凰台的发展紧密联系在一起,将茶文化与商文化交互。为推广茶文化,凤凰茶城建立了茶文化博物馆,珍藏与茶相关的

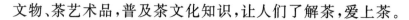

文物、茶艺术品，普及茶文化知识，让人们了解茶，爱上茶。

除了坚持把茶文化与旅游资源结合，延伸茶文化内涵，凤凰茶城还经常组织茶艺表演、茶文化品鉴活动，通过实际行动，让茶文化深入人心，从而引领河南茶文化发展。

五、 商城其鹏茶业

商城县位于河南省东南部、鄂豫皖三省交界处，系大别山水土保持生态功能区，境内山峦叠翠，气候适宜茶树生长。商城茶叶历史悠久。唐朝时，陆羽《茶经》中记载"淮南，以光州上"，宋代科学巨匠沈括所著的《梦溪笔谈》对子安贡茶有更加具体的记载，明、清时，商城"子安贡茶"成为皇室贡品。

商城高山茶有别于传统的信阳毛尖，具有"芽大、汤清、味浓、耐冲"的特点，是茶叶产业中的一大特色。为了保护与弘扬商城高山茶独具的优良品质，规范与传承其生产技术，增强其在市场上的竞争能力，从 2020 年 12 月 1 日起开始执行《商城高山茶》团体标准。商城的茶叶，纤细圆润，通体晶莹剔透。信阳农林学院茶学系系主任郭桂义介绍，"商城高山茶"位于商城县境内，是以 500 米以上的高海拔地区的茶叶为主要原料，经过杀青、揉捻、剪条、烘干、精制等工序，按照品质等级划分，分为"特级""一等""二等"三个等级。

（一） 商城县其鹏茶园

其鹏茶园位于群峰巍峨的大别山金刚台景区，国家级地质公园的植被和土壤,亚热带向暖温带过渡的气候,为其鹏茶提供了得天独厚的地理优势。

其鹏茶园在海拔 600 至 1200 米的峭崖上、丛林间,这里分布着 2700 多种植物,四季花开,茶树吸吮着四季花香成长,把香味融进了茎里、枝干里。春天来临,地质公园百花盛开,茶芽伴随着花香而长,成就了其鹏茶与生俱来的自然香气。这种特殊的环境既保留了山上的乔木,而且秋季叶落茶园,冬日大雪积压,经过一个冬春的积沤,又为茶树提供了天然的有机肥料。

所以,其鹏茶树生长在国家级地质公园,自然香气、不施化肥、不打农药、纯天然、无污染,这些特点决定了其鹏茶在中国十大名茶中自成一派,以无与伦比的生态优势和有机理念成为国饮精品。

商城县其鹏有机茶场,是信阳市第一个以茶叶为主的生态茶场,现有无形茶园 3000 余亩,良种茶场 10 000 余亩。后来,又成立了茶业观光示范园区,以发展"休闲观光体验农业"为目标。与此同时,茶园还开发出茶酒、茶食品、茶饮品、茶枕等茶叶精深加工产品,从而延长了茶产业链条。

(二) 其鹏茶业的制茶大工匠周其鹏

周其鹏 20 岁那年就开始跟着父亲种茶、制茶。父亲对周其鹏学习制茶毫不含糊,非常严厉。从学习最苦的大茶把杀青开始,20 斤鲜叶的炒制要用上腕力、臂力、腰力,一天要干 16 个小时。连续几天下来,胳膊都肿了,吃不下饭,走不稳路。

"老祖宗传下的东西,都是历经千万次实践,然后顿悟。万丈

制茶大师周其鹏

高楼平地起，再苦再累都得从基础干。"回忆年少岁月，周其鹏记忆犹新。正是在父亲的严苛教导下，周其鹏苦练内功、精益求精，逐渐成长为一代制茶大工匠。

商城的信阳毛尖以春茶为主，最上等的茶都集中在清明节至谷雨节气之间，每到这一段生产高峰期，周其鹏全天 24 小时都会待在生产车间。周其鹏认为，茶叶的加工时间是以秒来计算的，当工人吃饭时，他就一个人顶上。有一次，周其鹏因过度劳累感冒发烧，他不顾家人的劝阻，在车间举着输液吊瓶，查看炒茶进展。他的"铁人精神"激励着自己的工人，也获得了社会的赞誉：2006 年被推举为信阳市人大代表，2009 年受到时任全国政协主席贾庆林的亲切接见，2010 年被评为河南省劳动模范。

周其鹏对茶叶品质要求精益求精。他发现炒制信阳毛尖如果主要靠经验来掌握火候，有时产品出来很不稳定，同一批鲜叶同一个人在不同的时间炒制出的产品都有区别,有时不仅产量低,而且人力消耗很大。

为了改变这一局面,他经过无数次的实验,无数次的失败,无数次地向杭州茶科所的教授们求教,终于总结出了一套用数据化标准掌控温度的新方法,结束了纯手工制茶的时代。

火候的问题解决了,周其鹏对信阳毛尖提出更高的要求。他觉得自家的信阳毛尖不能只在当地争上游,应该走出去。于是他带着自己最满意的茶去杭州参加 1995 年的国际绿茶评比赛,自以为可以拿到头奖一鸣惊人,岂料只获了一个铜奖。困惑不解时,他求教中国绿茶评审界泰斗沈培和教授。沈教授解释说,不是制茶工艺的原因,是茶叶原料品种的问题。为了找到问题根源,周其鹏回到家乡就一头扎进茶园,细细研究每个山头茶叶的品质区别,反复琢磨不同时间段生长的鲜叶如何炒制以及生产中每道工序对味道的影响。

此后数年间,周其鹏走访了各地著名的茶区,在 23 个茶种中进行试验,终于发现了最适宜当地生长的茶种,并获得了信阳第一个有机毛尖的称号,还在 1997 年参加北京国际茶会,获得金牌,此后更是一发而不可收,到目前为止,已获得 123 个奖项。其鹏信阳毛尖于 1998 年经国家有机茶叶研发中心认证,成为“信阳第一个有机毛尖”。

（三）　其鹏茶业第五代茶人周正祥

第五代茶人周正祥,是站在传统茶文化门槛上,以国际化视野,以文化引领高山茶产业发展。他大学毕业后,心血和汗水伴着金刚台泉水流淌。而立之年,成果丰硕:2012年获得商城县"十大杰出青年"称号;2014年获得"河南优秀农村实用人才"称号;2015年获得信阳市青年五四奖章;2016年获得"商城县劳动模范"称号;2018年商城县其鹏茶叶专业合作社获得"国家级示范社"荣誉;2019年获"商城县十大优秀职业农民标兵""河南农村青年致富带头人标兵""信阳市技术能手"称号;获得"河南省新型职业农民创业创新大赛"一等奖。2020年,荣获河南省五一劳动奖章,获全国"最受欢迎的特聘农技员""河南省农业技术能手""河南高素质农民培育优秀讲师"称号。2021年,获"中原新锐茶人"称号,获河南省青年五四奖章。

其鹏茶业第五代茶人周正祥

周正祥清楚地知道,继承并不意味着故步自封,而在于创新发展,只有不断地创新,传统工艺才能走得更稳,走得更远。因此,他引进国家优质茶种,在生产技术上,将传统的信阳毛尖制作分成 12 个步骤,引进小规模的杀青机和切条机,将绿茶生产线提升至 6 代,产量提高 24 倍,使商城高山茶的生产达到标准化和现代化。周正祥说:"光靠自己的本事还不行,如果能带领同乡过上更好的生活,那就是对社会有好处。"

2022 年春季,由于受疫情的影响,茶叶销售出现了低迷。因此,周正祥带领茶农们,与网络主播们联手,拍摄了一段关于高山茶园的短片,介绍茶叶种植的情况以及茶园的景色。他们将短片发到朋友圈,让更多的人知道商城的高山茶。冬天,他们还推出了一系列红茶,其中一款有机桂花红茶受到了网友们的广泛欢迎。周正祥说:"到了 2022 年底,我们的 1 个月销量是前 3 个月销量的 3 倍。"

经过十多年的不懈努力,其鹏茶叶专业合作社已经发展成了一家集茶叶种植、生产、加工、科研、销售于一体的综合型茶叶企业,拥有 8000 多亩茶园,并以此为契机,在合作社周边开设了 30 多家"农家乐",增加了村民的收入。

另外,周正祥还在商城建立了一座高山茶园,占地 100 亩,引进国家茶树优良品种 5200 多万株,供茶农进行试验种植;制定《商城高山茶种植规程》,开展一年 5 次的技术推广和培训,形成了"公司＋基地＋农户"的发展模式,让 300 多名茶叶农民实现了长期就业,并辐射带动周围 6 个乡镇的 2000 多名茶农成为产业工人,使他们收入和生活水平普遍提高。

为使茶叶加工技术更加普及,周正祥时常在网上进行现场直播,并拍下教学视频,上传至"中国农技推广 App""微信群""视频号"等平台,广泛传播,在线解答疑问,解决了农业技术推广的"最后 1 公里"难题。同时,每年对有意学习传统炒茶技术的农民进行 2 到 4 次的技术培训,并进行操作演示,带动了 12 000 多名农民从事茶业。

周正祥因在乡村振兴事业中的杰出贡献,先后获得"全国乡村振兴青年先锋""全国向上向善好青年""河南省农民工返乡创业之星""河南青年五四奖章"等多项殊荣。

从 1914 年周其鹏曾祖来到荒无人烟的金刚台落户种茶,到现在周正祥任其鹏茶业总经理,已历 5 代 100 多年。巍巍金刚台成为河南省自然保护区,又升格为国家级地质公园,百余年风云变幻,不变的是周家种茶的信念。昔日的周家茶园今天发展成集种植、加工、销售、科研、旅游为一体的惠农民营企业,拥有东河、西河、黑龙潭、白龙潭、大黄尖五大基地,茶园 13 000 亩,年产干茶 13 万公斤,拥有 6 座冷藏保鲜库、两座茶叶加工厂,合作社会员 300 多户,资产近亿元。是省、市、县农业产业化龙头企业,中原经济实验区模范企业。荣获省市十大名场、十大名茶、十大品牌之一,多次承担国家重点惠农科研课题。

其鹏茶业现拥有其鹏有机茶、其鹏野生茶、其鹏有机红茶三大品牌十几个体系。多产品开发,多档次并进,使其鹏茶盛行于高端,飞至寻常百姓家。其鹏自尊茶王、其鹏茶王、其鹏碧云、其鹏雀舌、其鹏信阳毛尖等商城高山茶系列,通过了一系列严格的专业认证,2009 年荣获河南省著名商标,是北京人民大会堂和省市级特许指定用茶,是信阳博物馆历史收藏展品,20 多年来,在国内外举办的名茶评比中荣获国际国内特等奖、金奖、银奖等 136 个。

第七章
河南对茶文化的贡献

单从茶叶生产来看,河南属于我国江北茶区,是我国比较靠北的茶叶产区,境内只有南部的信阳、南阳等地有适宜茶树生长的良好自然环境,其他大多数地区并不适宜茶树的生长,所以长期以来河南并非茶叶生产的主要省份,茶叶产量非常有限。但在整个茶文化的普及过程中,河南却扮演着极为重要的角色。

关于茶叶发展的记载,西汉人王褒的《僮约》中有"武都买茶"之说,西晋人张载《登成都白菟楼》诗中谈到"芳茶冠六清,溢味播九区",《三国志·韦曜传》中也有了宴席中的"以茶代酒",《广陵耆老传》记载,西晋元帝司马睿时,一位老太婆每天一大早就提着一罐茶到集市上售卖。客观而言,唐代以前,茶的使用其实主要限于我国南方的江浙和巴蜀地区,范围非常有限,茶叶的使用方式与今天也不完全相同。曾任唐巢县(今安徽省巢湖市)县令的杨晔,在成书于大中十年(856年)的《膳夫经手录》中就说:"茶,古不闻食之，晋宋以降，吴人采其叶煮，是为茶粥。至开元、天宝之间，稍稍有茶，至德、大历遂多，建中以后盛矣。茗丝盐铁，管榷存焉。"正是唐宋时期活跃在以河南为代表的中原地区，或者源于中原地区的历史人物，推动了茶饮的普及，将我国茶文化推向了一个又一个高峰。

一、 完成了茶饮的认知转型

对茶叶的认知和认可是茶叶普及的前提。虽然我国饮茶具体开始于何时已很难考证，但可以肯定的是三国两晋之际，我国江南地区已经普遍把茶当作饮料，人们逐渐养成了饮茶的习惯。在此过程中，茶叶作为道教借以养生和羽化登仙的药饵，完成了由药用向饮料的转化，被纳入人们日常生活和社交等仪式活动之中，继而随着南北文化的交流传播到了北方黄河流域。魏晋南北朝时期，中原地区的人们确实已经接触并认识了茶叶，如西晋襄城（今属河南）邓陵人杜育就在《荈赋》中客观地铺叙了茶叶的生长、采摘和烹饮的情景。

灵山惟岳，奇产所钟。厥生荈草，弥谷被岗。承丰壤之滋润，受甘霖之霄降。月惟初秋，农功少休；结偶同旅，是采是求。水则岷方之注，挹彼清流。器择陶简，出自东隅。酌之以匏，取式公刘。惟兹初成，沫沈华浮，焕如积雪，晔若春敷……

虽然杜育对岐山茶叶种植和烹饮情况的描写应该是他亲眼

所见、亲耳所闻,但从魏晋南北朝时期的整体情况来看,当时中原地区的人们对茶饮不是很熟悉,对茶的接受程度也比较低,甚至将其谑称为"水厄""酪奴",将饮茶之人谑称为"漏厄",对茶饮持有排斥的态度。

魏晋南北朝时期中原地区接触到的茶叶,更多的是南北人员、物资和文化初步交流的产物。受北方长期战乱、晋室流亡南方的影响,中原地区的大量知识分子、农民、手工业者和商贾也纷纷逃到了江南地区。其中,较早抵达江南的人士了解并学会饮茶之后,往往会在石头城下以茶饮来招待稍后渡江的旧友。后者虽然出身北方名门,对各种事物见多识广,甚至对茶饮有一定的了解,却并不见得熟悉流行于南方的饮茶方式,结果在与故友奉迎对答之际不免要闹些笑话。如《世说新语·纰漏》中就记载:

> 任育长年少时,甚有令名。武帝崩,选百二十挽郎,一时之秀彦,育长亦在其中。王安丰选女婿,从挽郎搜其胜者,且择取四人,任犹在其中。童少时,神明可爱,时人谓育长影亦好。自过江,便失志。王丞相请先度时贤共至石头迎之,犹作畴日相待。一见便觉有异。坐席竟,下饮,便问人云:"此为茶?为茗?"觉有异色,乃自申明云:"向问饮为热,为冷耳。"……

这里的任育长名瞻,是东晋乐安人。这则故事恰恰说明了当时的部分河南人已经接触了茶叶,但南北方在茶叶的使用方式上仍存在较大差异。所以丞相王导等在石头城下奉上茶饮热情欢迎任育长时,任育长发出了"此为茶为茗"的疑问,出现了纰漏,发觉大家神色有异时又借当时热和茶、冷和茗在同一韵部,读音相近来掩盖自己的窘态。

或许是受王导示范效应的影响,北方很多士人随晋室迁到江南后也很快学会了饮茶,甚至沉湎于饮茶之中,开始逐步接受茶叶并"以茶待客"。如晋司徒长史王濛不仅自己好饮茶,而且有客人来时总是设茶饮招待。或许因此时的"客来敬茶"还是较少见的个人行为,抑或因王濛的茶敬得过于"海量",他的行为一度为部分客人,尤其是来自中原地区的人士难以接受,甚至对"客来敬茶"有苦难言。《太平御览》卷八六七引《世说新语》载:"人至辄命饮之,士大夫皆患之。每欲往候,必云'今日有水厄'。"自此以后,"水厄"成了人们对茶饮的谑称之一。

"酪奴"一度也是中原地区流行的茶饮谑称。它同样源于"以茶待客"。《洛阳伽蓝记》卷三《报德寺》记载:

肃初入国,不食羊肉及酪浆等,常饭鲫鱼羹,渴饮茗汁。京师士子,见肃一饮一斗,号为漏卮。经数年已后,肃与高祖燕会,食羊肉酪粥。高祖怪之,谓肃曰:"卿中国之味也,羊肉何如鱼羹?茗饮何如酪浆?"肃对曰:"羊者,是陆产之最;鱼者,乃水族之长。所好不同,并各称珍。以味言之,是有优劣。羊比齐鲁大邦,鱼比邾莒小国,唯茗不同,与酪作奴。"……彭城王谓肃曰:"卿不重齐鲁大邦,而爱邾莒小国。"肃对曰:"乡曲所美,不得不好。"彭城王重谓曰:"卿明日顾我,为卿设邾莒之食,亦有酪奴。"

时给事中刘镐慕肃之风,专习茗饮。彭城王谓镐曰:"卿不慕王侯八珍,好苍头水厄。海上有逐臭之夫,里内有学颦之妇。以卿言之,即是也。"其彭城王家有吴奴,以此言戏之。自是朝贵燕会,虽设茗饮,皆耻不复食,唯江表残民远来降者饮焉。后萧衍子西丰侯萧正德归降时,元义欲为设茗,先问卿于水厄多少。正德不晓义意,答曰:"下官虽生于水乡,而立身已来,未遭阳侯之难。"元义与举座之客大笑焉。

从这两段文字的记载来看,虽然南北朝时期的北方人仍以"水厄"来谑称茗饮,以"漏卮"来戏称喜欢茗饮之事的南方人,但由于南北文化的交流和人员的往来,北方食用"酪浆"之人也已开始了解并在一定程度上认可了茗饮,甚至有刘镐等"专习茗饮"者。更重要的是,"茗饮"已经成为南方人的标志之一,进而也成为北方人从饮食上对南方认可,甚至倾慕的代表,成为南北文化交流和人员交往中必不可少的一个重要媒介,初步促进了南北文化的交流融合。

随着南北交流的推进,部分中原人士的"茶量"也大长,甚至到了令时常饮茶的江南人都吃惊的地步。如《世说新语·轻诋》记载:

褚太傅初渡江,尝入东,至金昌亭,吴中豪右燕集亭中。褚公虽素有重名,于时造次不相识别。敕左右多与茗汁,少著粽,汁尽辄益,使终不得食。褚公饮讫,徐举手共语曰:"褚季野。"于是四座惊散,无不狼狈。

褚太傅名裒,字季野,东晋河南阳翟(今河南禹州)人,史书记载他"少有简贵之风,冲默之称"。他虽然一向有很高的名声,可刚刚到吴郡时，富豪权贵们并不认识他，就在聚会宴饮中吩咐手下多给他茶水，少摆粽子，茶喝完就添上，让他不得吃粽子等食物。可这些吴中豪贵没想到的是，褚季野早就养成了喝茶的习惯，反而在茶饮后，自报其名，使得"四座惊散，无不狼狈"，进退两难。

从后来的文献来看，最迟至初唐时期，中原地区的人们不仅已经熟悉了茶饮及其效用，而且对它们的态度已经发生了彻底转变。这一点在卢仝等人的诗文中有体现。卢仝（约775—835年），号玉川子，范阳（治今河北涿州）人①，"初唐四杰"之一卢照邻之孙，年轻时家境清贫但博览经史。卢仝好饮茶作诗，甚至好茶成痴、成癖、成命，在少室山茶仙泉隐居期间曾著有《茶谱》，因《走笔谢孟谏议寄新茶》（又名《七碗茶歌》）一诗又被世人尊称为"茶仙"。该诗全文如下：

日高丈五睡正浓，军将打门惊周公。口云谏议送书信，白绢斜封三道印。开缄宛见谏议面，手阅月团三百片。闻道新年入山里，蛰虫惊动春风起。天子须尝阳羡茶，百草不敢先开花。仁风暗结珠琲瓃，先春抽出黄金芽。摘鲜焙芳旋封裹，至精至好且不奢。至尊之余合王公，何事便到山人家？柴门反关无俗客，纱帽笼头自煎吃。碧云引风吹不断，白花浮光凝碗面。一碗喉吻润，两碗破孤闷。三碗搜枯肠，唯有文字五千卷。四碗发轻汗，平生不平事，尽向毛孔散。五碗肌骨清，六碗通仙灵。七碗吃不得也，唯觉两腋习习清风生。蓬莱山，在何处？玉川子，乘此清风欲归去。山上群仙司下

---

① 一说是济源（今河南济源）人。

土,地位清高隔风雨。安得知百万亿苍生命,堕在巅崖受辛苦! 便为谏议问苍生:到头还得苏息否?

　　该诗的出现,有力地打破了当时只注重茶饮技艺的写作窠臼,又写出了诗人饮茶中喉润、烦除,挥毫泼墨甚至羽化登仙的美妙体验,精准地反映了茶人品茗的精妙之处,将中国茶文化提升到了全新的高度。

　　不过整体而言,从一度被人谦称为"水厄""酪奴",以及人们对饮茶的排斥态度来看,隋唐之前,茶饮在中原地区的普及程度其实并不高,很有可能只是局限于部分上层门阀士族和宗教人士。这一方面是因为人们对茶饮认识的局限性,另一方面是受大的社会环境影响。魏晋南北朝时期,社会动荡,国家分裂,各地关卡林立,频繁且旷日持久的战争导致南北关系十分紧张,正常的经济文化交流根本无法进行,所以此时南方的饮茶习惯也无法向北方传播。而且茶叶的产区有限,此时国内交通运输和物资贸易体系尚未建立,南方茶叶产区与中原地区等消费区之间存在供需的不匹配,从而导致茶叶消费成本居高不下,茶饮对普通民众来说仍是奢侈消费。

二、 推动了茶饮的普及

　　隋朝统一后,我国结束了几百年的南北分裂局面,为中原地区经济社会的全面发展创造了良好的政治环境。在此环境中,茶饮不仅在中原地区迅速普及,达到了"投钱取饮"和"比屋之饮"的程度,而且以中原地区为跳板,扩散到了更广阔的周边少数民族地区,成为他们的"血和肉"。

隋唐之后,中原地区茶饮普及的良好环境首先表现在茶叶生产和供给方面。经过唐代几位皇帝的励精图治,南北之间、边疆与内地之间的联系都得到了大大加强,全国各地形成了一个有机的整体,这让南北之间经常性的经济文化交流成为可能。同时,隋唐时期我国的农业生产力也获得了不断提高,粮食和经济作物的种植获得了飞速发展,茶叶种植面积、栽培加工技术、产量等方面都取得了很大的发展。魏晋南北朝时期大量北方人口南迁,使南方劳动力显著增长,也进一步扩大了茶叶的产量和供应量,为茶饮向更多地区的普及奠定了基础。在茶叶的消费需求和人们的认知方面,隋唐以后中原经济的重振,大大促进了人们生活水平和消费能力的提高,让多数的老百姓摆脱了衣食不保的贫困状态,开始追求衣食之外的其他需求。加之魏晋南北朝时期,部分上层人士交往中的礼仪化、程式化的"以茶待客"之举,尤其是他们以饮茶表达素朴理念并对茶叶进行推广、传颂,塑造了茶饮活动高雅、脱俗的形象,使茶叶成了"素雅"的象征。

推动茶饮在中原地区迅速普及的一个重要动力是佛教禅宗的兴盛。及至唐代,佛教已经完成了中国化进程,其宣扬的六道轮回、因果报应和主张的修炼顿悟、得道成佛等思想变得更加适合中国人的口味。根据佛教教义,僧尼学佛"坐禅"时需要少吃饭或睡眠。为了弥补"过午不食"造成的信徒营养缺乏,同时去除其长时间诵经的昏沉状态,茶叶等带有提神益思和药用双重功能的饮料逐步进入他们的视野。如《封氏闻见记·饮茶》中就记载:"开元中,泰山灵岩寺有降魔师大兴禅教,学禅务于不寐,又不夕食,皆许其饮茶。人自怀挟,到处煮饮,从此转相仿效,遂成风俗。

自邹、齐、沧、棣,渐至京邑,城市多开店铺煎茶卖之,不问道俗,投钱取饮。"饮茶同佛教禅宗的"联姻",既解决了僧人们坐禅的困倦问题,又为茶饮增加了高洁、清雅的元素。也正是由于这个原因,茶饮更受文人和士大夫的欢迎,进而由僧人传至一般民众,由上层传播至下层。中唐以后,中原地区饮茶之风更加盛行,上自帝王、官吏,下至一般的和尚、道士、文人,甚至贩夫走卒、家仆农夫都嗜好饮茶,使之成了同盐、粟同等重要的日常需求。

推动茶饮在中原地区迅速普及的另一个重要因素是京杭大运河,它的贯通成功建立起了连接南方产茶区和北方消费市场的茶叶运输贸易系统。大运河开通以来,不仅加强了隋唐等王朝对南方的军事和政治统治,而且使南方丰富的物产能够顺利地到达统治中心洛阳、长安,以及北方的涿郡等地,我国北方培育出了以"两京"为中心的中原市场和西北边销市场两个大的茶叶消费市场。在庞大的市场需求拉动之下,南方江淮等茶叶产区的茶叶源源不断地北运,京杭大运河沿线的长安(西安)、洛阳、汴州(开封)、广陵(扬州)、宋(商丘)、并(太原)、幽(北京)、蔡(汝南)、陈(淮阳)、山阳(淮安)、申(信阳)、许(许昌)、濠(凤阳)等,大都成了茶叶集散中心,既承担着茶叶在本地区的销售,同时还向西北和更远地区转销。前引《封氏闻见记》中的"邹"就属于河南道,"齐"在河南道北部,"沧""棣"同属河北道南部。四个地区都在黄河下游,不仅在地理位置上连成一片,而且所需的茶叶都来自江淮地区,商人们以汴河作为运输路径,所以才"舟车相继"。

茶叶产区的扩大、产量的提升和运销网络的形成,有效降低了茶叶消费的门槛,加之宗教的倡导和普通民众的效仿,有力地推动了隋唐之后中原地区和周边少数民族茶饮的普及。这种普及又集中表现在茶诗等文学作品方面。如前所述，魏晋时期茶叶才转入北方，中唐时中国的饮茶群体仍主要在南方地区，而中原地区仍有很多人尚未接触到茶叶，如玄宗开元末期之前，很少有茶诗出现，李白、杜甫等诗人也只有寥寥数首的茶诗。但唐中期之后，尤其是唐穆宗之后，茶诗数量却迅猛增长。这一情况也在一定程度上说明，隋唐早期，茶叶仍然是皇室和官员的"专利"，普通民众是很少有机会接触和享用茶叶的，后来茶叶消费群体才得到扩大，进入普通民众的日常生活。

2015年巩义市文物考古研究所在一处晚唐墓中发掘出了一套三彩茶器。其中的茶碾、茶罐、执壶、茶盂、风炉、茶镀等，都与《茶经》中的描述相应。此处墓穴的墓室很小，主人等级并不高。这一套三彩茶器的出土，有力地说明了当时饮茶已经在中原地区非常流行了。

宋代饮茶已经成为人们日常生活的必需，都城东京茶坊、茶肆鳞次栉比，饮茶已经在普通市民阶层中广泛流行。《东京梦华录》《梦粱录》等文献中均有大量相关描述，如《东京梦华录》卷二《朱雀门外街》载："以南东西两教坊，余皆居民或茶坊。"也就是说，当时的朱雀门外一带除了教坊和民居之外，大都是茶坊，它们的出现也正是庞大市场需求的结果。《潘楼东街巷》载："又投东，则旧曹门街，北山子茶坊，内有仙洞、仙桥，仕女往往夜游，吃茶于彼。"也就是说汴京城中的茶水供应还不限于白天，就连晚上的夜市中也有茶水的供应。不仅如此，夜间的汴京城中除了固定的茶水摊点之外，还有流动提瓶售茶的商贩，既占领了夜间的茶水市场，又大大方便了晚归的市民。卷三《马行街铺席》："至三更，方有提瓶卖茶者。盖都人公私营干，夜深方归也。"因为茶水的普遍受欢迎,茶水还是汴京城中普通市民之间联络感情的纽带。如卷五《民俗》:"或有从外新来,邻左居住,则相借借动使,献遗汤茶,指引买卖之类。更有提茶瓶之人,每日邻里互相支茶,相问动静。"长期致力于《清明上河图》研究的周宝珠等学者认为,《清明上河图》上的众多无字号店铺中,"沿河区的店铺以饭铺茶店为最多,店内及店门前,都摆设有许多桌凳,不管客人多少,看上去都很干净"。宋人对茶饮的需求在苏轼的《浣溪沙》中也有生动的体现:"酒困路长惟欲睡,日长人渴漫思茶,敲门试问野人家。"由于茶饮已经成为中原地区人们日常生活的必需,才诞生了民谚"开门七件事,柴米油盐酱醋茶",王安石也留下了"茶之为民用,等于米盐,不可一日以无"的记载。

三、 实现了茶文化的极致化

茶文化的发展集中表现在唐宋以来一系列茶学专著的相继问世上。其中,成书于建中元年(公元 780 年)的《茶经》是全世界茶文化史上的不朽之作。全书分为上、中、下 3 卷,共计 7000 余字,分为 10 个章节,依次介绍了茶树的起源,采制茶叶必备的各种工具,煮茶和饮茶器具,烤茶的方法和燃料,煮茶用水、煮茶和饮茶方法,中唐及以前茶事历史人物和资料,唐代茶叶产地等方面的详细情况。该书涉及植物学、农艺学、生态学、药理学、民俗学、地理学等学科知识,倾注了陆羽四十多年的心血,是我国茶文化形成的重要标志,在国内外都产生了重要影响。据不完全统计,以《茶经》为开端,仅唐代就诞生了 12 种茶书。遗憾的是,虽然陆羽考察了许多茶区,对当时的劳动人民种茶和世人饮茶经验进行了总结概括，也搜集、整理了许多此前的与茶相关的历史资料，但毕竟陆羽主要活动于长江流域，《茶经》也成书于江南地区，对河南茶文化的记载仅有"淮南以光州上，义阳郡、舒州次"寥寥数语。

宋代定都东京，不仅再次将全国政治、文化中心确定在了中原地区，而且推动着我国茶文化进入了第一个繁荣期。宫廷茶文化形成，市民茶文化普及，点茶法兴起，斗茶之风盛行，大量茶学著作涌现，宋代在整个中国茶文化发展史上留下了浓墨重彩的一笔。尤其是以宋徽宗赵佶为代表的皇室和达官贵人，对茶的喜好甚于唐代，还以皇帝之尊，对茶叶"研究精微，所得之妙，后人有不自知为利害者，叙本末，列于二十篇，号曰《茶论》"（《大观茶论》）。同时，范仲淹、欧阳修、苏东坡、黄庭坚等皆崇尚饮茶，引得众多文人学士紧随其后，在其专著、文章、诗词、书画、雕刻等作品中，纷纷咏茶写茶。仅茶书数量上，宋代就有蔡襄《茶录》、宋子安《东溪试茶录》、沈括《本朝茶法》、黄儒《品茶要录》、赵佶《大观茶论》、熊蕃《宣和北苑贡茶录》、唐庚《斗茶记》、赵汝砺《北苑别录》、审安老人《茶具图赞》等30余种。另据钱时霖等人编著的《历代茶诗集成·宋金卷》的统计，宋代共有915位诗人留下了5315首茶诗，"几无人无之"。相比《全唐诗》中仅载录55位诗人233首茶诗而言，宋代文人学士对茶叶的崇尚，以及饮茶风习在宋代的普及由此可见一斑。根据方健等人的考证，这些茶事记载的增多，与茶饮由南向北逐渐推广应是同步的……哲理化、艺术化、精致化的茶艺、茶俗、茶礼、茶道以及文士和民众的丰富多彩的茶事实践，为宋代文人在茶文学方面提供了纵横驰骋的广阔天地。

以茶诗为载体，宋代文人学士进一步拓宽了饮茶的精神世界,实现了饮茶之法和精神文化的融合。茶叶从前期作为蔬菜食用,到以其药用价值作为丹药用,再到作为饮品饮用的过程中,唐代之前已经形成了以煎茶(又称煮茶、烹茶)为主导的使用方法,宋代不仅继承了唐代的煎茶技艺,而且还开创了斗茶、点茶、分茶等新型茶艺。其中,斗茶又称"茗战",是宋元时期非常盛行且竞争颇为激烈的茶叶品评方式,类似今日的名优茶评比。它源于制作贡茶的需要,如范仲淹《和章岷从事斗茶歌》中的"北苑将期献天子,林下雄豪先斗美"就一针见血地揭示了斗茶与贡茶的因果关系。唐庚《斗茶记》记载的斗茶场景,斗茶者二三人聚集在一起,献出各所藏珍茗,烹水沦茶,依次品评,定其高下,表明斗茶是一种茶叶品质评比方式,不同于唐代陆羽以精神享受为目的的品茶。宋徽宗赵佶《大观茶论》云:"本朝之兴,岁修建溪之贡,龙团凤饼,名冠天下,而壑源之品,亦自此而盛。……天下之士,励志清白,竞为闲暇修索之玩,莫不碎玉锵金,啜英咀华。校篋笥之精,争鉴裁之别,虽否士于此时,不以蓄茶为羞,可谓盛世之清尚也。"南宋时,斗茶进一步普及,不仅帝王将相、达官贵人、文人墨客争相斗茶,民间也开始普及,市井细民等也均喜欢斗茶。明清时斗茶风气逐渐式微,但仍不绝如缕。当今名茶评比会上,各地选送做工精细、品质上乘的茶叶,经专家评定和群众评议排出名次、定出等级,正是古代斗茶的遗风。

煎茶、斗茶、点茶、分茶虽略有区别,但均围绕着饮茶活动的文化内涵,使宋代的茶饮不仅成为民众日常生活中"疗渴"的必需品,还升华为富含文化气息的精神慰藉和社会风尚,在物质和精神两个层面将茶饮推到了前所未有的高度。加上以皎然为代表的唐宋文人学士的推崇,饮茶逐渐成了人们精神文化生活的重要

组成部分,成为人们精神财富的重要表征。如方健《中国茶书全集校证》就指出:

> 宋代点茶、斗茶、分茶的风靡,表明茶已不仅作为日常生活的必需品,又升华为富含文化气息的精神慰藉和社会风尚,且又称为时尚的生活方式。宋代茶文化在物质和精神两个层面均达到了前所未有的高度。[1]

四、 茶叶传入周边少数民族地区的通道

中原地区是茶叶向西北等少数民族地区普及的通道,也是保证满足这些地区稳定的大宗茶叶需求的重要环节。

唐宋之际,不仅中原地区的茶叶得到了普及,民众的需求出现了井喷式发展,而且以中原地区为跳板,借助中原地区和周边少数民族的经济与人员往来,茶叶由南而北、由东而西地传播到了西北的普通老百姓家中,培养出了他们对茶叶的嗜好,形成了固定的消费需求。中原地区自古以来就同边疆地区存在密切的经济文化交流,安史之乱平定中边疆少数民族的大力协助,进一步增强了边疆和中原政权的联系。常年生活在西北边疆地区的少数民族以畜牧业为主,他们以肉、乳为主食,比较缺乏绿色蔬菜和维生素,所以消食除腻、富含维生素的茶叶传入这些地区之后,深受民众的欢迎。

---

① 方健:《中国茶书全集校证·序言》,中州古籍出版社,2015,第1页。

有证据表明,至迟唐朝初期茶叶已经由中原地区传播到了西北游牧民族地区。成书于唐朝中期的《封氏闻见记》中记载:"往年回鹘入朝,大驱名马,市茶而归,亦足怪焉。"这里的"大驱"表明,回鹘购买茶叶的规模已相当可观,此时回鹘民众应该已经熟知了茶叶,甚至茶叶已经成了使者们"夹带"售卖给本族民众以获取高额利润的重要商品。只是这个记载中,买茶的主体是"入朝"的官员,是官方交往中"顺带"的行为,在民族经济交流中并不占主流,是偶尔为之的,所以封演才说"足怪焉"。对于这次大规模购买茶叶的行为,唐朝政府也没有任何个人或者部门进行干预或者表态,足见其对当时的政府而言"不值一提"。

　　茶叶传入藏族地区也与中原地区有着密不可分的关系。民间一般认为,藏族饮茶源于文成公主入藏,茶叶被她作为嫁妆的一部分带到了藏区,藏族民众饮茶也是她教会的。但这只是一种传说,因为文成公主是一个"箭垛式人物",她与松赞干布的和亲是影响汉藏关系,乃至整个中国历史进程的大事。原本就具有一般食物难以企及的文化符号价值,茶与文成公主结合到一起,也成了人们建构历史,表达藏族民众朴实、真诚的热爱、歌颂、怀念和感激之情的符号载体。不过据任乃强等学者根据语言学证据的研究,茶传入藏民聚居地区的时间就是唐代。

　　　藏语称茶为"甲",汉人为"甲米","米",人也。又称中原为"甲那","那",黑色也。藏文、藏语,创于唐世。茶之入藏,亦始于唐世。藏人以茶为命,于域外物,最重饮茶。茶为中原特产,故藏人以茶代表汉人,亦犹欧人之以瓷器代表中国、中国人,以佛教代表印度也。其书写之字形不同者,缘藏文系拼音文字，后世因所代表名物不同而异其书法也。

藏人称中原为"甲那"，远自唐世。

从时间上看，及至宋代，西北地区少数民族中的王公贵族和普通牧民都已染上茶瘾，嗜茶如命的他们几乎到了一天也离不开茶叶的地步。茶叶转变为他们的日常消费品之后，为了获取茶叶，西北地区的少数民族民众就经常驱赶着马匹等牲畜到边境地区换取茶叶，或者向朝廷进贡马匹以换取回赐的茶叶，由此也诞生了全国性的茶马互市，既有效满足了边疆少数民族对茶叶的庞大需求，也进一步推动了茶叶向更广阔地区的普及。

只是由于茶叶供给数量有限，运销体系也不发达，隋唐早期茶还是西北少数民族衣食所需之外的奢侈品，茶马互市的规模还相对比较小。这一阶段中无论是吐蕃还是回纥，茶叶只是王公贵族的"专利"，普通民众一般是很难接触和享用的。随着国家局势日渐稳定，北方经济重振，南方经济也逐步崛起，农业生产力获得了不断提高，粮食和经济作物的种植获得了飞速发展，茶叶种植面积、栽培加工技术、产量等方面都取得了很大的发展。加上秦汉以来，随着茶叶传播，茶产区逐步扩大，茶树栽培和管理技术不断提高，以及魏晋南北朝时期大量北方人口的南迁带来了劳动力的转移和人口增加，引起大量荒山的开发，进一步扩大了茶叶的产量和供应量。学者研究后曾指出，北宋时期全国茶叶的总产量已经达到了每年5300万斤以上，南宋为4700万斤左右，彻底改变了茶叶"物以稀为贵"的局面。而茶叶生产是典型的商品生产，产区的扩大和产量的增加同时意味着消费群体的持续扩大与相对稳定需求的出现。

唐宋时期,活跃在我国北方和西北地区的吐蕃、契丹、回鹘、党项等以肉和乳酪为食的少数民族相继接触了茶叶并变成了"恃茶民族",成为更大、更稳定、利润也更丰厚的茶叶消费市场。其中,契丹人早在五代时就已经形成饮茶习惯,"澶渊之盟"后的百年对峙时期,茶叶仍源源不断地运销到辽国境内,成为宋朝输入辽地的大宗商品。常年生活在青藏高原上的吐蕃人,更是因为以畜牧为生,饮食以肉食和奶酪为主,爱上饮茶后便一发不可收,达到了嗜茶成瘾的地步。他们对茶叶的依赖和大量需求,使茶叶贸易成为唐宋以来历朝边疆贸易中最为赚钱和抢手的贸易。如《文献通考》中所言:"凡茶入官以轻估,其出以重估,县官之利甚博,而商贾转致于西北,以致散于夷狄,其利又特厚。"

　　在边疆少数民族对茶叶相对稳定的需求拉动下,以及贸易中的丰厚利润刺激下,茶叶逐渐成为中原同边疆地区贸易的大宗,不仅从根本上改变了原有贸易的内容、形式和规模,而且从一定程度上改变了贸易双方之间的关系。历史上中原地区与边疆少数民族之间曾长期存在着"互市"——彼此以所产从对方换取所需的物资的交换或者贸易活动。西北地区从事畜牧经济的少数民族,以马匹、牛羊等牲畜和畜产品换取内地的布帛、铁器、粮食、盐巴等生产和生活必需品。茶叶传入之前,这些贸易活动已经是中原政权与边疆民众互通有无的重要纽带。只是贸易的物品大都源于市场周边,以非官方的或者是官方馈赠性的小规模交易进行,极少需要长途跨越若干不同地区,也极少有大规模的固定贸易。而且受战乱和政权更迭频繁等因素的限制,大多是暂时或短期性的贸易,其管理政策和措施往往"朝令夕改",贸易的影响和意义自然受到了很大的限制。

茶叶贸易最早于唐代被纳入官方管理。唐贞元九年（公元793年），中央政府就已经开始对茶农和茶商征收税赋，将茶叶的贸易纳入中央政府的管辖范围之内，但受当时茶叶产量、价格等因素的限制，人们对茶叶的需求量尚不是很大，中原地区和边疆少数民族间的茶叶贸易并没有形成定制。及至北宋时期，茶马贸易规模迅速发展起来，成为中原政权与周边少数民族之间贸易的主要形式，形成了庞大的规模和完善的交易制度，这种形式和制度也被其后的历代政府沿袭。

　　唐宋以来官方管理甚至垄断茶叶贸易的目的，一方面是因为茶同盐、铁、铜等商品一样，是一项税务部门"有利可图"的行为，另一方面是为了满足军备中对大量战马的需要。随着茶马贸易制度的日渐完善和规范，茶马贸易客观上已经成为中原与北部和西北部各边疆少数民族之间经济贸易的主要形式之一，大大增强了汉族和边疆少数民族之间的经济联系。小小茶叶将二者紧密地联系在一起，为中原与边疆的一体化奠定了良好的经济和文化基础。

第八章
河南的万里茶道

一、万里茶道

万里茶道又称"中俄万里茶道",是以山西商人为主体开辟出的一条国际内陆商业通道。其中的茶叶运输主要从福建、江西、湖南等茶叶产区出发,先到湖北汉口,再北上经河南、山西、河北、内蒙古等地,纵穿长江、黄河、长城、草原和茫茫戈壁,最终到达历史上的中俄边界口岸恰克图进行交易。

虽然这条茶叶运输通道贯通始于1692年彼得大帝向清朝派出第一支商队,时间比茶马古道和丝绸之路要晚许多,但它全长约1.3万公里,是我国几条陆上茶叶运销路线中里程最长、空间跨越最大的一条,故被人称为"万里茶道"。清代蒙古族和清政府间的关系良好,北部草原地区相对比较安定,加上沙漠戈壁地区气候干燥，有利于茶叶保存，茶业贸易繁荣，万里茶道便成为清代中国茶叶运销俄国的重要通道。

中国茶叶最早于 17 世纪初传入俄国，由于路途遥远，运输困难，茶叶贸易的数量非常有限，消费群体一度局限于王室贵族，是典型的奢侈品。后来随着中俄贸易扩展，出口至俄国的茶叶才逐渐增多，至 17 世纪中后期才培养出了相对庞大的消费群体。清康熙二十八年（1689 年）中俄签订《尼布楚条约》，有效推动了两国边境贸易的稳定、快速发展，同时也为其后茶叶贸易的迅速扩展奠定了基础。为了满足俄、蒙商人与中国商人贸易的需要，清廷在齐齐哈尔城北设立了互市地，并规定"嗣后往来行旅，如有路票，听其交易"。雍正五年（1727 年），中俄又正式签订了《恰克图条约》，进一步指定了恰克图（今在俄罗斯境内的仍名恰克图，在蒙古国境内的为阿勒坦布拉格）、尼布楚（今俄罗斯涅尔琴斯克）和祖鲁海图三个边境城市作为官方贸易口岸，并禁止俄国商人进入中国境内，只有政府有权派出商队，但每 3 年才能派出一支商队到中国，沿库伦（今蒙古国乌兰巴托市）—归化（呼和浩特）—张家口一线进入北京。乾隆二十年（1755 年），清廷将北口对俄贸易统归恰克图一处，使恰克图成了中国唯一的对俄贸易"陆上码头"。这一措施本来意在限制俄国商人来华贸易，却无意中促进了恰克图商业贸易的繁荣，也引发了中国商队从北京、张家口到库伦、恰克图的长途运输贸易。

早在《恰克图条约》签订之前，恰克图地区应该已经存在着规模不小的民间茶叶贸易了，因为"恰克图"的蒙古语意思就是"有茶叶的地方"。在条约签订前，蒙古人已经学会了饮茶，成了"恃茶民族"和稳定的茶叶消费市场，并形成了以恰克图为中心的固定茶叶集散市场。

19 世纪以后，茶叶成为中国输入俄罗斯最主要的货物，甚至成为唯一的货物。由于需求量庞大，在民众心目中价值较高，茶叶甚至还一度被俄国人作为货币使用。如外贝加尔地区，茶叶不仅是人们的日常必需品，当地人买卖货物时，也经常宁愿要砖茶也不要钱。因为来自中国的茶叶已经在俄国培养出了稳定且庞大的消费群体，各阶层饮茶之风盛行。如俄国当时的历史学家瓦西里·帕尔申在其《外贝加尔边区纪行》中描述：

> ……涅尔琴斯克边区的所有居民，不论贫富、年长、年幼，都嗜饮砖茶。茶是不可缺少的主要饮料。早晨就吃面包喝茶，当早餐，不喝完茶就不去上工。午饭后必须有茶。每天喝茶可达 5 次之多。爱好喝茶的人能喝 10 至 15 杯。不论你什么时候走到哪家去，必定用茶来款待你。

茶叶之路上的中国茶叶大都是由"山西帮"从福建武夷、湖北羊楼洞等地采购，经张家口中转，继而经张库大道运往恰克图的。因为清代民间的茶叶贸易在官方废除茶马互市制度之后，摆脱了官方垄断贸易的干扰，获得了"千载难逢"的机遇和更广阔的市场。在此背景下，虽然山西不产茶叶，但历史上的晋商在与近邻的少数民族交易时，就已经发现这些游牧民族饮食结构中肉食比较多，对茶叶的需求比较大。于是他们开始利用食盐买卖中建立起的人脉关系，寻找茶叶的货源并斥巨资，在福建、湖南、湖北等地建立了茶叶生产基地，根据客户的要求制成砖茶，再长途运输至中俄贸易口岸，形成了产、运、销一条龙的经营模式。所以万里茶道又称"晋商万里茶路"。

《晋商研究》中对万里茶道的走向有大致的记述："大致从乾隆三十年（1765 年）起，在晋商的推动下，逐渐形成了一条以山西、河北为枢纽，北越长城，贯穿蒙古，经西伯利亚，通往欧洲腹地的陆上国际茶叶商路。以福建武夷茶的运输来说，它的运输路线是：由福建崇安县过分水关，入江西铅山县，在此装船顺信江下鄱阳湖，穿湖而出九江口入长江，溯江抵武昌，转汉水至樊城（襄樊），贯河南入泽州（山西晋城），经潞安（山西长治）抵平遥、祁县、太谷、忻县、大同、天镇到张家口，贯穿蒙古草原到库伦（乌兰巴托），至恰克图。"

19世纪中叶以后，中俄间以恰克图为中心的茶叶贸易就逐步退让给了海上贸易。其中一个很重要的原因就是运输成本较高。与此同时，俄国人也加入茶叶加工制作的竞争中，打破了晋商产、运、销一条龙的经营模式，逼迫后者逐渐退出了对俄茶叶贸易。1861年清廷在汉口开埠后，俄国商人陆续在汉口设立了阜昌、隆昌、顺丰、沅太、百昌和新泰等洋行。他们除了在汉口采办茶叶外，还派人到羊楼洞一带出资招人包办监制砖茶。后来俄国商人还在汉口建立了顺丰、新泰、阜昌三个砖茶厂，将羊楼洞作为他们的原料供应地，利用现代机器制作砖茶后销往俄国。同时利用其现代船舶的优势，开辟了成本更加低廉、运量更大的水运路线。1871年，俄国人在黑龙江成立了阿穆尔船舱公司，并开辟了以黑龙江航道为主的茶叶运输线。这条运输线南出黑龙江入海口后进入日本海，然后走海路到达天津和上海，溯黑龙江北上可进入乌苏里江，最后经传统陆路到达俄罗斯的桥头堡伊尔库茨克。1903年，俄国西伯利亚铁路建成通车后，中俄之间的商品贸易开始由符拉迪沃斯托克（原海参崴）转口，这不仅缩短了运输时间，而且节省了费用，从根本上夺去了张家口至库伦、恰克图的运输业务，万里茶道也开始逐渐淡出人们的视线。

二、 河南的万里茶道线路

河南万里茶道线路的形成与历史上的"南襄隘道"有密切的关系。"南襄隘道"北起伏牛山,西界丹江,东至桐柏山,南临襄阳和大洪山北麓一带,其中的汉水及其支流白河、唐河、堵河等在历史上曾是良好的天然航道,也让这一区域成为沟通我国中部地区南北交通的天然关隘和通道。"南襄隘道"的历史可以追溯到春秋时期楚国修筑的连接北方的"夏路",历史上它们连接起了南阳、襄阳、老河口、方城、唐河、赊旗(今社旗)、邓州、新野等历史名镇并推动了这些名镇物资贸易的繁荣。

不同时期河南万里茶道的路线有所不同,不同商家的运输路线也有所不同。大体而言,河南万里茶道的主要线路南接湖北段,经唐河、白河、丹江等水路进入河南境内,在南阳、社旗等地转陆路,继而经南阳、平顶山、洛阳等市,渡黄河进入济源、焦作,最后翻越太行山进入山西。其中,水上茶叶运输路线主要在南阳以南,从南阳转陆路后呈多条路线向北、西北和东北辐射。

具体来讲,河南万里茶道的路线主要包括以下几段:

(一) 黄河以南的路线

1. 白河线

万里茶道白河段先走水路,自湖北襄阳沿唐白河转白河船运入河南,沿白河南向北经新野县新甸铺镇、上港乡、沙堰镇,南阳市瓦店镇、黄台岗镇,继而转陆路运输,由骡马驮运或大车装运,走宛洛古道向北运输。宛洛古道又可进一步分为方城道和三鸦道两条道。其中——

方城道为自南阳盆地东北较低垭口穿过的较为平坦的道路，该通道也是南阳盆地通往中原地区的天然陆路通道，是明清时期南阳通往洛阳的主要官道。它的具体线路是：出南阳市后，经新店乡、方城县博望乡、赵河镇、清河乡、方城县城、独树镇，进入平顶山市后经叶县保安镇、叶邑镇、马庄回族乡、叶县县城、遵化店镇，郏县李口乡、堂街镇、郏县县城、渣园乡、薛店镇，汝州市纸坊乡、汝州县城、庙下乡、临汝镇，进入洛阳市后经伊川县白沙乡、彭婆镇、龙门镇、关林镇、洛阳市区，孟津县平乐镇、会盟镇，经孟津古渡口渡过黄河。方城道中，还有一条线路自方城向北通往郑州方向，又称"郑州线"。

三鸦道即古代的"夏路"，是南阳北上翻越伏牛山，经南召、鲁山通往洛阳的著名古道，也是宛洛间最近的通道。它的具体线路是：出南阳市后经蒲山镇、石桥镇，南召县皇路店镇、云阳镇、皇后乡，鲁山县熊背乡、瀼河乡、鲁山县城、张店乡、梁洼镇，平顶山市石龙区，宝丰县大营镇、前营乡，汝州市蟒川乡、王寨乡，至县城与方城道交会。

2. 唐河线

该线路经过当时最为重要的水陆转运码头赊店镇，是万里茶道最主要的一段，也是河南省最著名的一条通道。它的南段为水路，出湖北襄阳后溯唐白河转唐河船运进入河南，沿唐河自南向北逆水经过唐河县苍台镇、郭滩镇、上屯镇、城关镇、源潭镇，社旗县太和镇、青台镇，最后进入社旗县城原赊店镇后转陆路，经社旗县唐庄，方城县券桥镇，至方城县城与方城道交会。

3. 丹江线

该路线的南段亦为水路，出湖北襄阳后沿丹江逆水船运至淅川县李官桥、老城镇、西簧乡、荆紫关镇，上岸转陆路运输，过武关向西北方向进入陕西。

4. 郑州线

该线路南段与白河线至方城道重合,出方城后经券桥镇、独树镇,叶县保安镇、叶邑镇后继续向北运输,再经汝坟桥、襄县、颍桥、石固、新郑、郭店驿、郑州、荥阳,至汜水渡黄河,然后经温县、郭村、邢邰,翻越太行山,经拦车至泽州祁县。

5. 洛阳向西路线

该路线南接方城道,货物在此中转后沿丝绸之路向西,运往陕西、甘肃、新疆等地。

（二）黄河以北的路线

主要是向北翻越太行山,进入山西的通道,因历史上主要有 8 条,又称"太行八陉"。它们是晋冀豫三省边界山岭间的重要关隘所在地,也是货物运输的通道。位于河南省内的主要有济源市的轵关陉、沁阳市的太行陉和辉县市的白陉。三陉之外,焦作市修武县向北翻越太行山至山西陵川的清沟道也是明清时期比较重要的一条茶叶运输通道。

1. 轵关陉

"轵"为战国魏的故城,位于今天的河南省济源市轵城镇。"轵关"位于济源市西北,形势险峻,自古就是用兵之地。

轵关陉又称"太行第一陉""轵道",线路大致呈东西向,自孟津越黄河古河清渡口后,在济源市轵城镇翻越轵关,经承留镇、虎岭村、三官殿乡、封门村(轵关)、清虚宫村、大店河、王屋镇、茶棚村、大路村、邵原镇、凹子沟,沿西洋河进入山西西阳村、落花村、南地、蒲掌村、英言村、后河、峪子村、垣曲,然后向西北通往侯马、临汾和太原,向东通往阳城、晋城。

2. 太行陉

位于沁阳市西北，"北达京师，南通河洛"，是河南北上太行的重要通道，也是我国古代一条军事、商贸和文化交流的大动脉。尤其是泽州县的天井关，曾被古人描述为"形胜名天下，危关压太行"。

这条线路是万里茶道河南段黄河以北的主要通道，也是古官道所在。线路越黄河孟津渡后经孟州市、沁阳市，过古羊肠坂和碗子城进入山西，经晋庙铺镇进入晋城。线路沿线目前仍保留着大量遗迹，河南境内有古羊肠坂道、碗子城等关卡遗址，以及修路题记等。

3. 丹道

位于今焦作市西北博爱县，因其大部分线路沿丹河河谷行进而得名。该线路是太行道的一条辅路，大致路线是出沁阳向东北经博爱县柏山镇、清化镇、茶棚村、寨豁乡，向北翻越太行，经张路口、柳树口至晋城。

4. 清沟道

清代的一条重要通道，是与白陉平行的连接河南修武和山西陵川的重要通道，目前仍存有大量石板路、关卡、古村落和乾隆时期的修路碑。该线路出沁阳后经博爱县、焦作市、修武县，翻越太行进入山西，经夺火乡、潞城入陵川，向北抵长治。

5. 白陉道

白陉又称"孟门陉"，是位于辉县市西的一处可退可守的战略要地，从此地可南渡黄河攻开封，可东向大名进击，可北窥安阳、邯郸。故也是从开封、新乡方向来的客商翻越太行进入山西的首选通道。

白陉道越过黄河孟津古渡口后,经孟州市、沁阳市、博爱县、焦作市,进入辉县市,经薄壁镇北行,过鸭口村(又称垭口村)、竹园村,沿山谷盘行至山顶紫霞观。翻越隘口后进入山西,下行至关爷坪,经马圪当、横水河、潞城入陵川,再向北到长治。

6. 道口线

道口为清代商业重镇,水陆交通要道。《行商遗要》中就记载有从开封柳园口到道口的线路。根据相关材料,茶叶运至道口后,一方面走陆路向北运往河北定州方向,一方面沿卫河向北水运至天津、通州。

7. 茅津渡线

即《行商遗要》中的"赊镇发货走大西路抵"线。从三门峡会兴茅津古渡越黄河至山西运城平陆、夏县和临汾高县。

三、 茶叶贸易枢纽

由以上线路构成的河南万里茶道沿线留下了大量文化遗产,有古城镇、会馆、古码头、古桥梁、古衙署、古商铺、古庙宇、古街区、古民居、古关口等十余种类型。它们都是万里茶道的重要组成部分,也是茶叶运输贸易推动社会和经济发展的实物见证。

(一) 郭滩镇

郭滩镇是唐河航运的水陆码头之一,也是南阳到襄阳的商贸重镇,北距唐河县城 30 余公里,南与湖北省相接。文献中曾记载,唐河"航路北通方城之赊旗,南达襄樊汉口,每日帆樯如织,往来不绝。云、贵之人京者,率由襄樊乘舟溯唐河北上,而北方货物之运往汉口者,亦顺唐河而下"。郭滩镇正是唐河上茶叶等货物中转的重要码头。

郭滩镇现仅存一处位于镇东唐河西岸的码头遗址。此处河道宽约 80 米,由于水量逐渐减少,上游筑坝蓄水,平时近于断流,仅雨季水量略高。码头修建在一河湾处,河堤高约 8 米,现仅残存约 300 米长的石质驳岸。码头坡道宽 3 米,河道至河堤顶,自南向北平缓向上,坡道长 30 米。码头现已废弃,河堤也已被当地居民开垦为耕地,码头坡道为居民耕作时使用。

（二） 源潭镇

源潭镇南距唐河县城 13 公里,是唐河水陆转运的重要中转站,也是清代唐河水运贸易的商业重镇。唐河水源出于方城北七峰山,早期沿河往来船只可经赊店到达上游的方城。后赊店人修石桥一座,阻拦船只上行,截留商队。方城人又破坏水源,致使水位下降,船只不能抵达赊店,从而使源潭成为水运的终点,客商在源潭上岸转陆路运输,也催生了源潭商业的繁荣。《源潭镇志》记载:"清代,源潭水运已相当发达。丰水季节,往来帆船 1000 余只,年运输量 20 余万吨。抗战时期,源潭成为唐河水运终点。"清同治光绪年间,源潭镇已经形成了规模较大、数量集中的码头群,上可至赊店,下能达老河口、襄樊、武汉。抗战时期,源潭镇内专门从事码头装卸的工人就达 800 余人。

源潭镇现存古码头两处,均位于镇西唐河东岸,相隔不远。码头处河道宽约 60 米,河堤高约 10 米,仍存有石阶梯,自河边向上斜行,中间折而至堤岸顶。石阶宽约 2 米,现残存有 36 级。

源潭镇内还保留有创建于清雍正九年(1731 年)的山陕会馆部分建筑。该会馆曾于乾隆七年(1742 年)重修,占地 5000 平方米,坐北朝南,现存有大殿、配殿、东厢房、两根铁旗杆和"山陕庙"石匾额一块,为河南省文物保护单位。

(三) 石桥镇

石桥镇位于南阳市北约 20 公里处,东临白河,是宛洛古道南阳至南召、鲁山一线上必经之地,也一度是河南境内的重要商业重镇。明清两代均为石桥堡,属南阳县管辖。该镇的兴起与其水陆交通区位优势有着密切关系。清光绪《新修南阳县志》记载:"盖县北诸镇莫大于石桥,宋南阳六镇之一也。北道三鸦通汝、洛,南循洱、淯,乘涨之郡,瞬息可至,缩毂水陆,号为繁富。"

石桥镇至今仍保持着传统古街区的格局,保留有一条商业街,街两侧保存着大量传统商铺、民居和清真寺等建筑,是该镇作为"宛北名镇"的重要见证。镇区内沿街商业店铺三间、五间不等,高低起伏、前后错落,建筑均为硬山式,灰瓦顶、干槎瓦屋面、叠瓦脊,山墙设墀头,前檐为商业店铺惯用的铺板门。古街两侧现存 25 座院落,有历史建筑 90 余间,其中较为重要的是商铺隆泰店和清真寺。

隆泰店创立于清光绪年间,坐西朝东,宽 15.3 米,深 56.5 米,两进院落,为传统四合院式布局,总平面图呈日字形,沿街为 5 间商铺,一进院落及二进正房均为 5 间,院内两侧设厢房。

清真寺占地面积为 2500 余平方米,据相关碑文记载,该寺始建于清雍正年间,共有殿舍 20 余间,由大殿、门楼、望月楼、讲经堂、厢房、水房、井亭等组成。现存大殿、门楼、望月楼较为完整。清真寺周边的中山街南段也是当地回族居民的主要居住地。

(四) 赊店镇

赊店镇位于河南西南部、南阳盆地东北部,古称赊旗店、赊旗镇。其历史可以追溯到汉代，因东汉光武帝刘秀曾在此赊酒旗起兵而得名。赊店镇于清代成为驰名全国的水陆码头，乾隆年间达到鼎盛，人口达 13 万之多，各类商铺 1000 多家，其中晋商 400 多家。该地因此与朱仙镇、周口镇、道口镇并称中原四大商业重镇，享有"天下店，数赊店"的美誉。

赊店镇是万里茶道上茶叶中转贸易的重要枢纽。清光绪《南阳县志》载："淯水以东，唐泌之间，赊旗店亦豫南巨镇也……地濒赭水，北走汴洛，南船北马，总集百货，尤多秦晋盐茶大贾。"清同治《筹办夷务始末》中也记载，安徽建德产的千两朱兰茶"专由茶商由建德贩至河南十家店（赊店别称），由十家店发至山西祁县、忻州，由忻州而至归化，专贩与向走西疆之商，运至乌鲁木齐、塔尔巴哈台等处售卖。"《南阳府志》记载："斯镇居荆襄上游，为中原咽喉……南来舟楫，从襄阳至唐河、赊旗、方城，或从赊旗复陆行方城至开封、洛阳，是南北九省商品集散地。"《行商遗要》中在 13 处关于赊店的记载之外，涉及禹州、襄县、汝州的事宜中也均标注着它们与赊店的距离，有力地证明了赊店在万里茶道上的重要枢纽地位。

由于这一枢纽地位，全国各省的商贾也纷纷云集赊店，南下借潘河、赵河、唐河、汉水、长江的水路优势，北上乘方城、洛阳、晋城、太原、张家口官道的便利，利用赊店水陆分界线和货运中转枢纽的地位，开展商品集散贸易。

商业的繁荣发展，使赊店镇一度成为占地 1.95 平方公里、72 条商业街和 36 条胡同的商业重镇。鼎盛时期的赊店镇内常住人口和流动人口已达 13 万，十余家茶行生意兴隆，八家票号汇通天下。一度被英国学者贝思飞称为"当时中国最富有的商业贸易中心之一"。

历史上从汉口起航的茶叶运输船多到赊店停泊，继而从赊店出发,向北、东、西北延伸,形成了四条路线:第一条路线先向北,然后到山东,再沿大运河到天津中转后到朝鲜半岛;第二条路线从赊店往北,走郑州到开封,然后再经河北到北京,继而再向北到齐齐哈尔,最后直到西伯利亚;第三条路线从赊店到洛阳,然后过黄河到山西晋中等地,走张家口,经内蒙古到俄罗斯;第四条路线从赊店到洛阳,经山西杀虎口到呼和浩特、库伦绕过贝加尔湖,经西伯利亚直到圣彼得堡。

作为万里茶道上的重要茶叶集散枢纽,赊店镇至今仍保留有较好的古街十余条,以及茶叶生产、加工和运输相关的完整文化遗存。这些遗存包括赊店段的唐河航道、河口码头、北大石桥,镇内的瓷器街、福建会馆、山陕会馆、大昇玉茶庄,以及1000余个非物质文化遗产项目,既传承、彰显秦晋商人敬关公、重信义的商业精神,也是当代人发展文化旅游产业的重要资源依托,是一笔巨大的精神财富。

(五) 荆紫关镇

荆紫关位于淅川县丹江上游,距淅川县城80公里,地处豫、鄂、陕三省交界处,号称"一步跨三省"。该关是河南省的西南重镇、著名关隘,西汉时称"草桥关",明代改称"荆籽关",清初改称现名。

由于地处丹江水运交通要道,荆紫关镇逐渐成为重要码头,明清时期达到了空前繁荣,出现了三大公司、八大帮会、十三大骡马店、二十四大商行。与此同时,镇内也建造了不少祭祀和集会的建筑,如平浪宫、玉皇宫、万寿宫、山陕会馆、清真寺、协镇都督府、城隍庙、法海禅寺等。镇区也形成了一条沿丹江南北走向、依山傍水的带状集镇。及至清嘉庆七年(1802年),南北向沿河的商业街已经长达 2000 米,平行河街的商业街也长达 2500 米、宽 5 米,街上有 200 多家店铺。

虽然目前河街已经损毁,但商业街得到了保留,俗称"清代一条街",长度仍有 1250 米,总占地 500 公顷,街道两旁店铺林立,现存古建筑均为清代建筑,共 281 栋,其中民居 230 栋,公共建筑 51 栋。建筑融合了南北建筑风格,外观近似徽派,布局以四合院为主,建筑装饰风格接近南方建筑,但内部结构则采用了北方的抬梁式和南方的穿斗式结合的形式,柱子之间设穿梁承重,驼墩代替金瓜柱承托檩子。建筑多为砖、石、木结构,墙体夹坯,屋面覆以小灰板瓦。

荆紫关镇的大门位于镇南端,1938 年重建,砖石结构,宽 6 米、厚 1 米、高 7 米。中间辟拱券门,门楣上镌刻"荆紫关"三个字,檐下施仿木结构砖雕斗拱。

（六） 新甸铺镇

新甸铺镇位于新野县白河边,南距唐河与白河交汇处约 50 公里,其历史可以追溯到秦代设置的白马驿。当时白河支流黄渠河水量丰沛,下游船只可上行到新甸铺镇境内,秦朝政府就在此地设置了白马驿。白马驿横跨宛郧通衢,又有航运便利,很快发展成集镇。西汉初年,该驿站更名为黄邮聚,并分封给新都侯王莽。明朝初年,得益于战乱平息,山西移民大量迁入,水上航运畅通无阻,大量船只开始沿白河上行,给沿途商埠运送南方的绸缎、茶叶、食盐、竹木、药材、瓷器,并将北方产的粮棉、豆类、芝麻、花生、禽蛋、烟叶、生猪等商品销往襄樊、武汉等地,新甸成为南北货物中转站和集散地。明嘉靖年间,新甸演变成大集市。

20 世纪 40 年代,白河水量丰沛,新甸也一度成为宛南商贸重镇,被誉为"小汉口"。镇上有商行店铺 300 余家,茶馆、酒肆、客栈、车马场 50 余处,较出名的商号就有恒丰泰、恒兴隆、公益昌、义隆昌、西长盛、白大公、德盛各、丁新恒等,每日聚散马车、独轮车 400 多辆。镇内还有码头 6 处,其中小东门、关帝庙、龙桥、马巷为石砌码头,关埠口、小南门为竹木建材码头,码头每天泊船 300 余只,货物吞吐千余吨。当时镇内有字号的商行货栈就有上百家,经营范围也由当地土特产扩大到杭纺、川药、武汉百货、云贵名茶等,不少商人开辟市场,领办工业、手工业。为了保障镇区商业运营安全有序,镇上设有水上保安所和三大船行,保安所负责治安,船行负责客货联络、装船卸货、监管和招募工人。新甸铺镇商贸的繁荣也加速了茶馆、茶叶生意的兴隆。当时镇上有 3 个茶叶、茶具的专卖店和 40 余家茶馆,有"百家茶社""百艺荟萃"的盛誉。

新甸铺镇内目前仍保留有一座古码头,位于新甸铺镇新南村东,白河西岸。这个码头民国时期仍在发挥作用,后来由于白河水量减少、公路建设加速、陆运逐渐取代了水运等原因,码头才逐渐废弃。码头目前仍存有一段阶梯和一座储货台,阶梯长 16 米、宽 1 米,储货台南北长 20 米、东西宽 10 米。它们既见证了白河水运的发达,也是万里茶道上的重要文物。

(七) 半扎古镇

半扎古镇,又名半扎万泉寨,位于汝州城南蟒川乡,距汝州县城约 17 公里。该镇曾是宛洛古道上的重镇。因建于万泉河的北岸,寨内的街道北面有宅院、店铺,南临寨墙,无法居住,形成了半个街道,因而得名"半扎"。

半扎镇有着优越的地理位置,吸引了众多商家在此驻扎,向南贩运的青海食盐,向北贩运的布匹、大米、茶叶、丝绸等商品均在半扎镇集散中转,由此也诞生了几十家专门为商队服务的店铺。山西的八大兴等商号在半扎镇开设有分号,河北人张才来在这里开设粮行,后落户半扎。由于这里繁华的商业贸易,历史上曾与汝州市临汝镇、宝丰县大营镇齐名,当地至今仍流传着"吃不完的大营饭,住不完的半扎店"的美誉。

目前半扎镇内仍保留有古寨墙、寨门、关帝庙、文昌阁、半扎石桥、古商铺、古民居等,墙上镶嵌的拴马石、路边的上马石、布店染房抛光用的元宝石、水磨等也随处可见。其中,创建于清乾隆二十七年(1762年)的半扎关帝庙至今仍非常壮观。该庙坐北朝南,现存一进院落,前为戏楼,后为拜殿与大殿,院内东西两侧为厢房。戏楼为单檐硬山式建筑,砖石木结构、小灰瓦顶、干槎瓦屋面,两层,一层为通道,墙体下部用块石砌筑,高约2.5米。戏楼前檐为门楼式,一层明间开券洞,设双扇门,券脸石上方镶石匾,上刻"关帝庙"。二层两次间各设一圆窗,后檐二层为戏台,面阔三间,檐柱为四根石柱。拜殿为卷棚硬山式建筑,砖木结构,灰筒板瓦屋面,面阔三间,进深一间,抬梁式架构。大殿为硬山式建筑,面阔三间,进深四架椽带前檐廊布,抬梁式架构。

建在半扎大街正中的文昌阁是半扎镇文风昌盛的标志。该阁以条石砌成四方台,台下留一过街门洞供人通过,台上原有两层木结构的楼阁,现已拆毁。《重修文昌阁碑记》中有"汝治南三十里许半扎镇,南通楚粤,西接秦晋……十八家建阁于镇之东首"等记载。